轻松成为设计高手
——51 单片机设计实战

深圳信盈达电子有限公司　编著

北京航空航天大学出版社

内 容 简 介

本书从实际开发与应用入手,以实验过程和工程项目为主导,循序渐进地介绍了 51 单片机的最小系统、外中断、定时/计数控制、串行通信、LED 静态/动态显示、独立键盘检测、行列式键盘检测、LCD 显示字符/汉字、A/D、D/A 及 I^2C 总线通信、温度检测 18B20、步进电机、红外解码等各种实例的 C 语言编程方法。本书的特点是深入浅出,阐述透彻、清晰,可读性好,实用性强,收集并整理了大量 C51 单片机实战开发的程序;这些程序既可以让读者开拓思路,又可直接应用于相同的开发系统上。

本书适合从事单片机项目开发与应用的工程技术人员阅读,可作为大专院校有关专业本科生的教学参考书以及各类培训班的教材。

图书在版编目(CIP)数据

轻松成为设计高手:51 单片机设计实战 / 深圳信盈达电子有限公司编著. — 北京:北京航空航天大学出版社,2013.1

ISBN 978 - 7 - 5124 - 0998 - 9

Ⅰ. ①轻… Ⅱ. ①深… Ⅲ. ①单片微型计算机—C 语言—程序设计 Ⅳ. ①TP368.1②TP312

中国版本图书馆 CIP 数据核字(2012)第 253904 号

轻松成为设计高手
——51 单片机设计实战
深圳信盈达电子有限公司 编著
责任编辑 陈 旭

*

北京航空航天大学出版社出版发行

北京市海淀区学院路 37 号(邮编 100191) http://www.buaapress.com.cn
发行部电话:(010)82317024 传真:(010)82328026
读者信箱: emsbook@gmail.com 邮购电话:(010)82316936
涿州市新华印刷有限公司印装 各地书店经销

*

开本:710×1 000 1/16 印张:12.75 字数:272 千字
2013 年 1 月第 1 版 2013 年 1 月第 1 次印刷 印数:3 000 册
ISBN 978 - 7 - 5124 - 0998 - 9 定价:29.00 元

前　言

在嵌入式领域里,51系列单片机虽然走过了30多年的历史,但它那独特的系统结构、不断增加的片内设备以及强大的指令系统,使其不仅没有被历史所淘汰,而且越发成为单片机中的主流。51系列单片机体系结构简单,应用复杂度适中,入门容易,而且随着技术的发展和应用的需求,其片内设备越来越丰富,应用也越来越多。所以,51系列单片机仍然是单片机教学以及工程应用的主要对象。

如何学习51单片机

作者认为:作为单片机初学者,首先要了解单片机的最小系统、内部结构以及内部资源。其次,要掌握单片机C语言,能够熟练运用9条语句、数组、指针编写流水灯程序。因此,初次学习单片机应该把精力放在最基本、最常用的内容上,开始时不必在每一个细节上死背死抠,有一定基础后再深入到一些常见的细节中,而且有一些细节是需要通过长期的实践才能熟练掌握的。

与一般单片机书相比,本书的特点

本书从实际工程应用入手,各章节以实验过程和实验现象为主导,由简到繁、循序渐进地讲述了51单片机的硬件结构以及如何使用C语言进行51单片机编程和对各种扩展功能应用。

不同于传统的讲述单片机的书籍,本书中的所有例程均以实际硬件实验板为实验依据,用C语言程序来分析单片机工作原理,使读者不仅能知其然,而且能知其所以然,进而帮助读者从实际应用中彻底理解和掌握单片机。另外,本书以提高读者的动手能力为宗旨。书中大部分内容来自作者多年的项目实践及教学工作的经验总结,其中许多C语言源代码能够直接应用到工程项目中去,并且贯穿了一些学习方法和建议使读者养成良好的代码风格。全书共分为23课,主要包括三大部分:单片机C语言、单片机实训阶段、单片机项目实战阶段。

本书主要内容

全书介绍了51单片机的最小系统、外中断、定时/计数控制、串行通信、LED静态/动态显示、独立键盘检测、行列式键盘检测、LCD显示字符/汉字、A/D、D/A及12C总线通信、温度检测18B20、步进电机、红外解码等各种实例的C语言编程方法,并且贯穿一些学习方法的建议。许多C语言代码能够直接应用到工程项目中去,且代码风格良好。

本书的读者对象

本书适用于从事单片机项目开发与应用的工程技术人员阅读,也可作为高等院校相关专业学生的教学参考书以及各类培训班的教材。

本书配套资料

本书有配套资料,主要内容包括所有涉及的实验例程以及开发板相关内容,读者可以从北京航空航天大学出版社网站"下载专区"免费下载。

本书另有配套的学习实验板,如有需要可拨打全国统一订购电话:0755-26457584。读者也可以用其它的实验板,不过要对书中程序做相应的修改。

全书由深圳信盈达电子有限公司技术总监牛乐乐主编,高级工程师周忠孝任副主编。第1、2、5、8、13、14、16、22、23课由牛乐乐编写;第3、6、9、10、11、12、15课由周忠孝编写;第18、19课由陈志发编写;第4、7、17课由黄文涛编写;第20课由何宙兴编写;第21课由秦培良编写。全书由牛乐乐进行统稿和审核,由周中孝对各课内容进行校准和修改。在本书的编写过程中得到了深圳信盈达电子有限公司全体人员的大力支持,在此表示衷心地感谢。同时,本书的出版得到北京航空航天大学出版社的大力支持和鼓励,在此深表谢意。

由于作者水平有限,书中不当之处在所难免,敬请读者批评指正。读者可以发送电子邮件到:niusdw@163.com 与作者进一步交流,也可以发送电子邮件到:xdhydcd5@sina.com 与本书策划编辑进行交流。

编　者
2012 年 11 月

目　录

第**1**课

单片机概述及内外部结构分析

1.1 单片机概述

1.1.1 何谓单片机

什么是单片机呢？其实单片机就是一台机器，但是这个机器很特别，怎么特别呢？它有思考计算的能力，并控制其他的电子设备或器件为它工作。为什么会这样呢？下面马上来解开谜底！

单片机是典型的嵌入式微控制器（Microcontroller Unit），常用英文字母的缩写MCU表示，外部结构如图 1.1 所示。实际上，单片机是一种集成电路芯片，是采用超大规模集成电路技术把具有数据处理能力的中央处理器 CPU、随机存储器 RAM、只读存储器 ROM、多种 I/O 口和中断系统、定时/计数器等功能（可能还包括显示驱动电路、脉宽调制电路 PWM、模拟多路转换器、A/D 转换器等电路）集成到一块硅片上构成的一个小而完善的计算机系统，如图 1.2 所示。

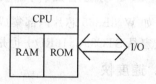

图 1.1　单片机外部结构(DIP40)　　　　图 1.2　单片机内部组成

1.1.2 单片机引脚、价格及应用

单片机的典型引脚为 40 脚封装，当然功能多一些的单片机也有引脚比较多的，如有 44、64、100 引脚等，功能少的只有 10 多个或 20 多个引脚，有的甚至只有 8 个引脚。

单片机价格并不高,根据单片机功能不同,价格一般从几元人民币到几十元人民币不等。

单片机应用在智能仪器仪表、工业测控、计算机网络和通信技术、办公自动化及小家电等各个领域。

1.1.3 MCS51 单片机与其他单片机的关系

我们平常总是讲 8051,那它与 8031、89C51 之间究竟是什么关系呢? MCS51 是由美国 INTEL 公司生产的一系列单片机的总称,这一系列单片机包括许多品种,如8031、8051、8751、8752 等,其中 8051 是最早最典型的产品。该系列其他单片机都是在 8051 的基础上进行功能的增、减、改变而来的,所以人们习惯于用 8051 来称呼MCS51 系列单片机,而 8031 是前些年在我国最流行的单片机,所以很多场合会看到8031 的名称。INTEL 公司将 MCS51 的核心技术授权给了很多公司,像 ATMEL、宏晶等,其中 STC89C51 就是这几年在我国非常流行的单片机。本书将用STC89C51 完成一系列的实验,C51 系列单片机部分芯片选型如表 1.1 所列。

表 1.1 C51 系列单片机部分芯片选型一览表

序 号	公 司	型 号	RAM/B	ROM/KB	时钟频率/MHZ	ISP	工作电压/V	备注
1	ATMEL	AT89C51	128	4	0~24	NO	4.8~5.3	2004 年已停产
2	ATMEL	AT89S51	128	4	0~33	OK	4.0~5.5	
3	宏晶	STC89C51RC	512	4	0~80	OK	3.3~5.5	国产
4	宏晶	STC89C52RC	512	8	0~80	OK	3.3~5.5	国产
5	宏晶	STC89C516RD+	1 280	64	0~80	OK	3.3~5.5	国产
6	华邦	W78E365	1 K+256	64	0~40	OK	4.7~5.3	中国台湾

1.1.4 未来单片机的发展趋势

目前,单片机正朝着高速度、高性能和多品种方向发展。

1. CPU 功能增强、内部资源增多、引脚的多功能化

如 W78E365 芯片内部集成 64 KB 的程序存储器和 1 KB+256 B 的数据存储器,以及宏晶 STC89C516RD+也是集成了 64 KB 的 ROM 和 1 280 B 的 RAM。

2. 速度快

有的单片机晶体的谐振频率范围为 0~40 MHz,有的甚至高达 80 MHz,如华邦的单片机晶体的谐振频率范围为 0~40 MHz,而宏晶的单片机晶体的谐振频率范围为 0~80 MHz。

3. 低电压和低功耗

如新华龙公司的 C8051F9××单片机系列的工作电压仅为 0.9 V。

1.2　单片机的内部、外部结构

1.2.1　单片机引脚

图 1.3 和图 1.4 为 STC89C51 单片机的引脚封装，其中，图 1.3 为双列直插式（DIP）封装，图 1.4 为四方扁平式（QFP）封装。

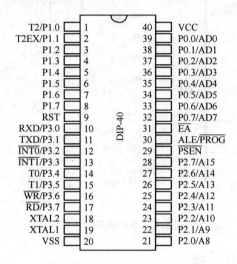

图 1.3　双列直插式（DIP）封装

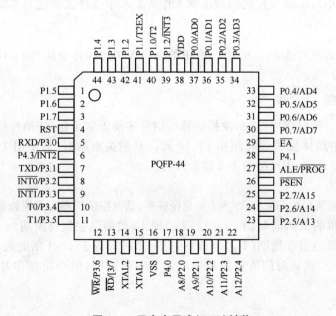

图 1.4　四方扁平式（QFP）封装

1.2.2 单片机的应用电路

图 1.5 是 STC89C51 单片机的典型电路连接方式。

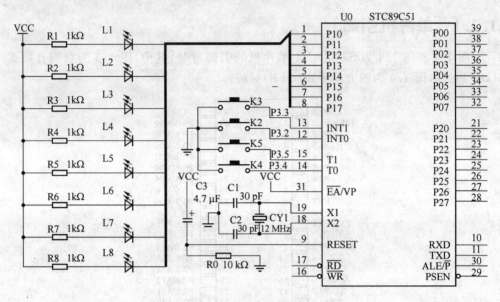

图 1.5 单片机最小系统

1.2.3 单片机最小系统

单片机最小系统即单片机能够正常工作的最基本条件或者说是必需的条件。

1. 电源

这当然是必不可少的。单片机使用的是 5 V 电源,其中正极接 40 引脚,负极(地)接 20 引脚。

2. 振荡电路

单片机是一种时序电路,必须提供脉冲信号才能正常工作,在单片机内部已集成了振荡器,使用晶体振荡器时须接 18、19 脚。只要买来晶振(最常用 11.0592 MHz 晶振),电容(15~30 pF),按图 1.5 接上即可。

备注:

(1) 晶振振荡周期($T_晶$)=$1/f$(f 为晶振频率,晶振振荡周期为晶振频率的倒数)。

(2) 单片机的机器周期($T_单$)=12($T_晶$)即 12 倍的晶振振荡周期。

(3) 单片机的指令周期($T_指$)=(1~4 倍)($T_单$)即等于 1~4 倍的机器周期。

不同的指令,执行时间所需的机器周期是不一样的,但一定是单片机指令的整数倍。

3. 复位电路

任何单片机在工作之前都要有个复位的过程,复位是什么意思呢?它就像是我们上课之前打的预备铃。预备铃一响,大家就自动地从操场、其他地方进入教室了,在这一段时间里,是没有老师干预的。

对单片机来说,是程序还没有开始执行,在做准备工作。显然,准备工作不需要太长的时间,复位只需要 5 ms 的时间就可以了。如何进行复位呢?只要在单片机的 RST 引脚加上高电平即可,按上面所说,时间不少于 5 ms。为了达到这个要求,可以用很多种方法实现,这里提供一种以供参考,如图 1.5 所示。

注意:单片机复位条件是在 RST 引脚接高电平,且持续时间超过 5 ms!(每种单片机复位时间不一样,详见具体单片机芯片的技术资料。)

复位有 3 种方式:上电复位(详见图 1.5,复位时间计算公式:$T = 2 \times 3.14RC$)、按键复位、看门狗复位。

4. EA 引脚

EA 引脚接到正电源端。

至此,一个单片机就接好了,通上电,下载相应程序后,就可以工作了。

1.3　单片机内部结构分析

1.3.1　存储器

按功能可以分为只读和随机存取存储器两大类。只读存储器的英文缩写为 ROM(Read Only Memory),其特性如字面意思一样。随机存取存储器,英文缩写为 RAM(Random Access Memory),即随时可以改写,也可以读出里面的数据,类似于黑板,可以随时写东西上去,也可以用黑板擦擦掉重写。

常用存储器类型:

① RAM:可读可写,掉电数据丢失,相当于内存。

② ROM:只读存储器,只能读,不能写,掉电数据还存在,相当于光盘。

③ EEROM,FLASH:可读,可写,掉电数据还存在(如 AT 24C02 属于 EEPROM)。

1.3.2　8051 单片机存储结构

如图 1.6 所示,8051 单片机的存储器分为两部分,一部分是程序存储区,一部分是数据存储区。数据存储区又分为内部数据区和外部数据区。

① CODE 区是程序存储区,是一个只读存储器 ROM,用于存放程序代码,一旦程序开始运行就不能修改了,要让单片机实现不同功能就只能重新烧写新的程序。

② SFR 为特殊功能寄存器(Special Function Register)区,是系统使用的专用区域。

③ DATA 是用户存储区,用户可以自由分配使用,其访问速度最快。

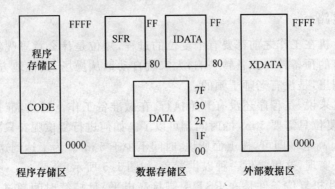

图 1.6　8051 存储结构(注意图中表示的均为十六进制数)

④ IDATA 是内部数据间接访问存储区,其访问速度稍慢,而且只能进行间接访问。

⑤ XDATA 是外部数据区,其访问速度最慢,一般很少用到。

1.3.3　单片机内部 RAM 分析

图 1.7 为 DATA 区域,可分为 3 个部分。

7FH : 30H	30H~7FH 80个字节单元								用户数据区 (通用RAM)	范围: 30H~7FH 这个区用户可以自由支配使用,没有任何特殊功能
2FH	7F	7E	7D	7C	7B	7A	79	78		范围: 20H~2FH 特点: 位寻址区可进行位操作,也可以进行字节操作 如: SETB 09H 等同于SETB 21H.1 也可以使用语句 MOV 21H, #02H
2EH	77	76	75	74	73	72	71	70	位	
2DH	6F	6E	6D	6C	6B	6A	69	68	寻	
2CH	67	66	65	64	63	62	61	60	地	
2BH	5F	5E	5D	5C	5B	5A	59	58	区	
2AH	57	56	55	54	53	52	51	50		
29H	4F	4E	4D	4C	4B	4A	49	48		
28H	47	46	45	44	43	42	41	40		
27H	3F	3E	3D	3C	3B	3A	39	38	[128位]	
26H	37	36	35	34	33	32	31	30		
25H	2F	2E	2D	2C	2B	2A	29	28		
24H	27	26	25	24	23	22	21	20		
23H	1F	1E	1D	1C	1B	1A	19	18		
22H	17	16	15	14	13	12	11	10		
21H	0F	0E	0D	0C	0B	0A	09	08		
20H	07	06	05	04	03	02	01	00		
										工作寄存器为R0~R7 范围: 00H~1FH,分为4组 特点: 这是由系统指定的名字

图 1.7　DATA 区域

1.3.4　特殊功能寄存器

对并行 I/O 口的读/写只要将数据送入到相应 I/O 口的锁存器就可以了,那么对于定时/计数器,串行 I/O 口等怎么用呢? 在单片机中有一些独立的存储单元是用来控制这些器件的,被称为特殊功能寄存器(SFR),见表1.2。

表1.2 特殊功能寄存器

符号	地址	功能介绍
B	F0H	B 寄存器
ACC	E0H	累加器
PSW	D0H	程序状态字
IP	B8H	中断优先级控制寄存器
P3	B0H	P3 口锁存器
IE	A8H	中断允许控制寄存器
P2	A0H	P2 口锁存器
SBUF	99H	串口数据锁存器
SCON	98H	串口控制寄存器
P1	90H	P1 口锁存器
TH1	8DH	定时/计数器1(高 8 位)
TH0	8CH	定时/计数器0(高 8 位)
TL1	8BH	定时/计数器1(低 8 位)
TL0	8AH	定时/计数器0(低 8 位)
TMOD	89H	定时/计数器方式控制寄存器
TCON	88H	定时/计数器控制寄存器
DPH	83H	数据地址指针(高 8 位)
DPL	82H	数据地址指针(低 8 位)
SP	81H	堆栈指针
P0	80H	P0 口锁存器
PCON	87H	电源控制寄存器

可以把上面表格中的特殊功能寄存器分一下类:

① 首先 4 个 I/O 口 P0、P1、P2、P3 可以作为一类。这些是单片机的引脚,是输入/输出设备。

② 第 2 类就是 IE 和 IP,这两个是跟中断相关的寄存器。

③ 第 3 类是 SBUF 和 SCON,这两个是跟串口通信相关的寄存器。

④ 第 4 类就是跟定时器相关的 6 个寄存器,包括 TH0、TL0、TH1、TL1、TMOD、TCON。

常用的就这 4 类,它们跟本书后面要讲的几个模块密切相关,后面章节将会详细讲解。

1.4 总 结

　　本课主要介绍单片机的内部结构、型号及功能参数；单片机最小系统满足的条件为电源、振荡电路、复位电路和引脚要接电源正端。
　　单片机存储结构：
　　(1) CODE 为程序存储区；
　　(2) SFR 为特殊功能寄存器区；
　　(3) DATA 是用户存储区；
　　(4) IDATA 是内部数据间接访问存储区；
　　(5) XDATA 是外部数据区。
　　内部 RAM 低 128 个单元划分为 3 个区：工作寄存器区、位寻址区以及用户数据区。

习 题

　　1. 简要说明单片机的含义。常用单片机芯片的内部组成是什么？
　　2. 89C51 单片机的$\overline{EA}$信号有何功能？在使用时该信号引脚应如何外理？
　　3. 内部 RAM 低 128 个单元划分为哪 3 个主要部分？说明各部分的使用特点。
　　4. 单片机复位有几种方法？复位的条件是什么？

第 **2** 课

常用基本电路定理、
公式及元器件

2.1 常用基本电路定理

2.1.1 欧姆定理

直流电路中电压 U 与电流 I 的比值等于电路的阻值 R,即

$$R=U/I$$

式中,U 为电路两端电压(V),I 为电路中的电流(A);R 为电路中的电阻(Ω)。

2.1.2 节点电流定理

在电路中,任何时刻流向任一节点(两条以上支路的汇集点)的电流之和等于零(若流进节点为正,则流出节点为负)。换句话说,流进节点的电流之和等于流出节点的电流之和。

2.1.3 回路电压定理

在电路中,任何时刻环行任一闭合回路,其电路上各段电压之和等于零。

2.2 常用电子线路公式

➤ 欧姆定理:$I=U/R$;

➤ 直流电路功率:$P=UI=I^2R=U^2/R$;

➤ 电阻串、并联总值:串联:$R=R_1+R_2+\cdots$;并联:$1/R=1/R_1+1/R_2+\cdots$;

➤ 电容串、并联总值:串联:$1/C=1/C_1+1/C_2+\cdots$;并联:$C=C_1+C_2+\cdots$。

2.3 常用元器件介绍

➤ 电阻(主要参数:电阻值、标称阻值及允许偏差、额定功率等;单位:欧姆 Ω);

➤ 电容(主要参数:额定电压、标称容量及允许偏差等;单位:法拉 F,1 F= 1 000 000 μF);

➤ 电感(凡是能产生电感作用的元件统称电感元件,在电路中起抗冲击作用);

➤ 二极管和三极管(二极管单向导电性、三极管电流型控制器件);

➤ 显示器件(如发光二极管、数码管、液晶屏等);

➤ 继电器:是一种自动控制器件;

➤ 集成电路(模拟集成电路和数字集成电路)。

2.4 常用进制的转换

表2.1给出了二、十、十六进制数之间的转换关系。

表 2.1 二、十、十六进制转换

十进制数	二进制数	十六进制数
0	0000	0
1	0001	1
2	0010	2
3	0011	3
4	0100	4
5	0101	5
6	0110	6
7	0111	7
8	1000	8
9	1001	9
10	1010	A
11	1011	B
12	1100	C
13	1101	D
14	1110	E
15	1111	F
16	10000	10

2.5　第一个小程序:跑马灯程序

```
/ * * * * * * * * * * * * * * * * * * * * * * * * * * * * * * * * * * * * * * * * * * * * * * * * * * * *
□公司名称:      深圳信盈达电子有限公司
* 模块名:       跑马灯
* 说明:         ZC600 开发板上 SP0 排针用跳线帽连接
* * * * * * * * * * * * * * * * * * * * * * * * * * * * * * * * * * * * * * * * * * * * * * * * * * * /
# include <reg52.h>              / *单片机 c 语言头文件 * /
void delay();                    //函数声明 delay()延时函数
/ * ------------------函数------------------------------ * /
void delay( unsigned int i )     // 延时子函数
{
    for( ;i>0;i--);              //循环延时语句
}
/ * ------------------主函数------------------------------ * /
void main()                      //主函数 main()
{
    while(1)                     //无限循环
    {
        P1 = 0xfe;               //点亮 P1.0 端口对应的灯 0xfe = 1111 1110 b
        delay(30000);            //调用延时函数 delay()
        P1 = 0xfd;
        delay(30000);
        P1 = 0xfb;
        delay(30000);
        P1 = 0xf7;
        delay(30000);
        P1 = 0xef;
        delay(30000);
        P1 = 0xdf;
        delay(30000);
        P1 = 0xbf;
        delay(30000);
        P1 = 0x7f;
        delay(30000);
    }
}
```

修改延时程序里面的数值,看看灯流动的速度是否有变化? 带着这个问题来学习下面的课程。

2.6　位和字节

通过上面的跑马灯实验程序可知：一盏灯亮灭或者说一根线的电平的高低，可以代表两种状态：0和1。实际上这就是一个二进制位，因此我们就把一根线称为一"位"，用BIT表示。

一根线可以表达0和1，两根线可以表达00、01、10、11共4种状态，也就是可以表达0～3，而3根可以表达0～7，单片机中通常用8根线放在一起，同时计数，就可以表示0～255共256种状态。这8根线或者8位就称之为一个字节（BYTE）。

2.7　总　结

本课主要介绍了欧姆定理、节点电流定理及回路电压定理，常用电子线路计算公式，常用电子元器件，进制之间的转换关系，位与字节的关系，第一个跑马灯程序。

通过本课的学习，让读者轻松了解了常用定理和公式。元器件是电路设计中最小的元素，其作用及选型，对电路的功能至关重要。

习　题

1. 用作图法说明节点电流定理和回路电压定理。
2. 简要介绍电阻、电容、电感各在电路中的作用。
3. 二、十、十六进制之间的转换关系是什么？如何应用8421码？

第 **3** 课

C51 语言简介

3.1 单片机 C 语言的发展历史

C 语言是一种使用非常方便的高级语言。所以,在单片机的开发应用中,除了使用汇编语言外,也逐渐引入了 C 语言。早在 1985 年便出现了 80C51 单片机的 C 语言,简称 C51。

单片机 C 语言除了遵循一般 C 语言的规则外,还有其自身的特点,例如,增加了位变量数据类型(如 bit、sbit)、中断服务函数(如 interrupt n),对 80C51 单片机特殊功能寄存器的定义是 C51 所特有的,是对标准 C 语言的扩展。本课程将初步介绍 C 语言在单片机开发中的运用,并对 C 语言程序的开发软件 Keil C51 的使用进行详细说明。

3.2 C 语言的主要特点

C 语言发展迅速,而且成为最受欢迎的语言之一,主要是因为它具有强大的功能。用 C 语言加上一些汇编语言子程序,就更能显示 C 语言的优势了,像 PC - DOS、WORDSTAR 等就是用这种方法编写的。C 语言的特点如下。

1. 简洁紧凑、灵活方便

C 语言一共只有 32 个关键字和 9 条控制语句。

程序书写自由,主要用小写字母表示。它把高级语言的基本结构和语句与低级语言的实用性结合起来。C 语言可以像汇编语言一样对位、字节和地址进行操作,而这三者是计算机最基本的工作单元。

2．运算符丰富

C 语言的运算符包含的范围很广泛,共有 34 个运算符。C 语言把括号、赋值、强制类型转换等都作为运算符处理,从而使 C 语言的运算类型极其丰富、表达式类型多样化,灵活使用各种运算符可以实现在其他高级语言中难以实现的运算。

3．数据结构丰富

C 语言的数据类型有:整型、实型、字符型、数组类型、指针类型、结构体类型和共用体类型等,能用来实现各种复杂的数据类型的运算,并引入了指针概念,使程序效率更高。另外 C 语言具有强大的图形功能,支持多种显示器和驱动器,且计算功能和逻辑判断功能强大。

4．C 语言是结构式语言

结构式语言的显著特点是代码及数据的分隔化,即程序的各个部分除了必要的信息交流外彼此独立。这种结构化方式可使程序层次清晰,便于使用、维护以及调试。C 语言是以函数形式提供给用户的,这些函数可方便地调用,并具有多种循环、条件语句控制程序流向,从而使程序完全结构化。

5．C 语言语法限制不太严格、程序设计自由度大

一般的高级语言语法检查比较严,能够检查出几乎所有的语法错误,而 C 语言允许程序编写者有较大的自由度。C 语言允许直接访问物理地址,可以直接对硬件进行操作,因此既具有高级语言的功能,又具有低级语言的许多功能,能够像汇编语言一样对位、字节和地址进行操作,而这 3 者是计算机最基本的工作单元,可以用来写系统软件。

6．C 语言程序生成代码质量高,程序执行效率高

一般只比汇编程序生成的目标代码效率低 10%～20%。

7．C 语言适用范围大,可移植性好

C 语言有一个突出的优点就是适合于多种操作系统,如 DOS、UNIX,也适用于多种机型。

8．C 语言主要应用场合

在操作系统、系统应用程序以及其他需要对硬件进行操作的场合,用 C 语言明显优于其他高级语言。C 语言绘图能力强、可移植性,并具备很强的数据处理能力,因此,适于编写系统软件,二维、三维图形程序和动画程序,是数值计算的高级语言。

3.3 单片机的汇编语言与 C51 语言比较

C 语言程序与汇编语言程序从编写特点上比较,主要有以下 6 点不同(如表 3.1

所列）：

① C 语言程序中的主函数是汇编程序中的主程序；C 语言程序中的函数是汇编程序中的子程序。程序运行都是从主函数或主程序开始，并终止于主函数或主程序中的最后一条语句。但是在编写方面，汇编程序中的主程序必须编写在整个程序的最前面，因为汇编程序运行时是从整个程序中的第一行开始；而 C 语言程序中的主函数可以放在程序的前面，也可放在后面或其他位置，无论主函数在什么位置，程序运行时都会先自动找到主函数，并从主函数中的第一条语句开始执行。

② 编写 C 语言程序一般使用小写英文字母，C 语言的关键字均为小写英文字母，也可以使用大写英文字母，但大写字母一般都有特殊意义。

③ C 语言严格区分字母大小写，也就是说 abc、Abc、ABC 是 3 个不同的名称，而汇编语言不区分字母大小写，编程时大小写字母可以混用。

④ C 语言不使用行号，一行可以写多条语句，但每一条语句最后必须以";"作为结尾，而汇编语言一行就是一条语句。

⑤ C 语言每一个独立完整的程序单元都由一对大括号括起来，大括号必须成对使用。

⑥ C 语言的程序注释信息需要使用"/＊"和"＊/"括起来，如"/＊头文件＊/"，或是用双斜杠，如"//头文件"；而汇编程序语句的注释信息使用一个分号，如";延时程序"。

表 3.1　汇编和 C51 语言比较

特　性	汇　编	C51 语言
实时性	强	弱
占用系统资源	少	多
可读性	弱	强（结构化编程、可读性强、便于维护）
可修改性	弱	强
健壮性	弱	强
应用领域	对实时性要求比较高的工业控制场合，如工业控制、小家电等领域	应用于程序量较大、功能较复杂，且对实时性要求不高的场合，如医疗器械、安防等领域

3.4　单片机 C 语言与标准 C 语言异同

用 C 语言编写单片机程序与编写标准 C 程序的不同之处就在于根据单片机存储结构及内部资源定义相应的 C 语言中的数据类型和变量，其他的语法规定、程序结构及程序设计方法都与标准的 C 语言程序设计相同。用 C 语言编写的应用程序必须经过单片机的 C 语言编译器（简称 C51），转换生成单片机可执行的代码程序。支持 MCS－51 系列单片机的 C 语言编译器有很多种，如 KEIL/Franklin、DUN-

FIELD SHAREWARE 等。

1. 学习单片机 C51 的准备工作

（1）选一本 C51 单片机的书和一本嵌入式 C 语言教程；

（2）选用一款功能齐全的单片机实验板，如深圳信盈达嵌入式学院的 Super800。

2. 单片机 C 语言程序开发流程

（1）分析项目功能、进行程序模块划分；

（2）模块化程序设计；

（3）程序联合调试；

（4）软、硬件综合调试。

3.5 总 结

本章介绍了 C51 与汇编语言、标准 C 之间的差别。

习 题

1. C 语言的主要特点是什么？

2. 单片机 C 语言与汇编语言的区别是什么？

3. 单片机 C 语言与标准 C 语言的异同点有哪些？

第4课

单片机 C 程序的基本结构

4.1 单片机 C 语言入门实例

下面介绍一个简单的单片机 C 语言编程实例,使读者初步了解单片机 C 语言的特点。

本书配套的 ZC600 综合实验仪中单片机 P1 端口接 8 个发光二极管,如图 4.1 所示。程序的功能是使 8 个发光二极管循环点亮,即我们常见的跑马灯。

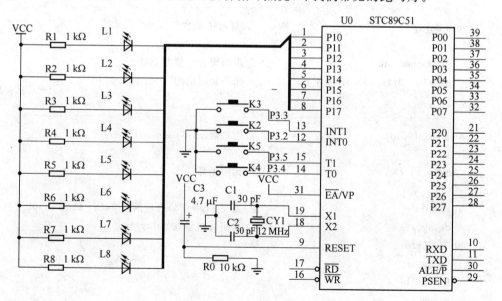

图 4.1 单片机基本连线图

由电路图可以看出,发光 LED 是共阳极接法,只要将数据 1111 1110 B 送到 P1

输出,就能把 P1.0 端口对应的 1 个发光二极管点亮,然后依据依次将 0xfe、0xfd、0xfb、0xf7、0xef、0xdf、0xbf、0x7f,送到 P1 输出然后循环即可控制 8 个灯循环点亮。

以下是跑马灯的源程序,读者看看能不能理解这个程序描述的是什么样的功能。顺便看看这个单片机 C 语言程序的编写格式,这是一个标准的格式,也就是我们常说的编程规范,以后读者也要按照这样的格式来编程。

4.2 源程序

1. 源程序 1

```
/**************************************************************
* 公司名称:     深圳信盈达电子有限公司
* 模块名:       跑马灯
* 设计者:       张三      日期:2008 年 12 月 20 日
* 修改者:       李四      日期:2012 年 05 月 18 日
* 版本信息:     V1.1
* 说明:         ZC600 开发板上 SP0 排针用跳线帽连接
**************************************************************/
# include <reg52.h>              /* 单片机 c 语言头文件 */
void delay();                    //函数声明 delay()延时函数
/* --------------------函数-------------------------- */
void delay( )                    // 延时子函数
{
    unsigned int i;              //声明无符号整型变量 i
    for(i = 0;i<30000;i + +);    //循环延时语句
}
/* --------------------主函数-------------------------- */
void main(void)                  //主函数 void main(void)
{
  while(1)                       //无限循环
  {
  P1 = 0xfe;                     //点亮 P1.0 端口对应的灯 0xfe = 1111 1110b
  delay();                       //调用延时函数 delay()
  P1 = 0xfd;
  delay();
  P1 = 0xfb;
  delay();
  P1 = 0xf7;
  delay();
  P1 = 0xef;
```

```
    delay();
    P1 = 0xdf;
    delay();
    P1 = 0xbf;
    delay();
    P1 = 0x7f;
    delay();
    }
}
```

2. 源程序 2

```
/ * * * * * * * * * * * * * * * * * * * * * * * * * * * * * * * * * * * * * * * * * * * * * * * * *
 * 程序名称：    跑马灯程序
 * 设计者：     张三      日期：2008 年 12 月 20 日
 * 修改者：     李四      日期：2012 年 05 月 18 日
 * 版本信息：    V1.1
 * 说明：       SP0 连接
 * * * * * * * * * * * * * * * * * * * * * * * * * * * * * * * * * * * * * * * * * * * * * * * * * /
# include <reg52.h>          / * 单片机 c 语言头文件 * /
# define uchar unsigned char  / * 声明变量 uchar 为无符号字符型，长度 1 个字节，值域
                                 范围 0～255 * /
# define uint   unsigned int  / * 声明变量 uint 为无符号整型，长度 2 个字节，值域范
                                 围 0～65 535 * /
void delay(uint t);          //声明 delay()延时函数
// * * * * * * * * * * * * * * * * * * * * 延时函数 * * * * * * * * * * * * * * * * * * * * * /
void delay(uint t)           //延时函数
{
    for(;t!= 0;t--);
}
// * * * * * * * * * * * * * * * * * * * * 主函数 * * * * * * * * * * * * * * * * * * * * * /
void main(void)
{
    uchar i;                 / * 声明无符号字符变量 i * /
    delay(1000);             / * 调用延时子程序 * /
    P1 = 0Xff;
    while(1)
    {
        for(i = 0;i<8;i++)
        {
            P1 = ~(0X01<<i);    //左位移运算符，用来将 1 个数的各二进制全部左移
                                //移位后，空白位补 0，而溢出的位舍弃
```

```
        delay(50000);
    }
}
}
```

说明：试分析以上两程序哪一种更方便、简洁一些。

4.3 单片机 C 程序的基本结构

单片机 C 语言程序一般由头文件、主函数和函数 3 部分组成。

4.3.1 头文件

头文件用来定义 I/O 地址、参数和符号。使用时通过 include 指令加载，将头文件包含在所编写的单片机 C 程序中，这样在编写单片机 C 程序时，就不需要考虑单片机内部的存储器分配等问题了，例如："♯include＜reg51.h＞"。其中的"reg51.h"为 51 单片机的头文件，使用时需要用 include 指令，并将头文件用括号"＜＞"括起来。简单的单片机 C 语言程序，只包括主程序和程序库所载入的头文件。

4.3.2 主函数

主函数，即主程序，是单片机 C 语言程序执行的开始，不可缺少。主函数以 main 为其函数名称，例如：

```
Void main(void)
{
    C语言语句;
}
```

单片机 C 语言主函数是一个特殊的函数，每个程序必须且只有一个主函数。单片机 C 语言程序运行时都是从主函数 void main(void)开始的，主函数可以调用其他子函数，调用完毕后回到主函数，在主函数中结束整个程序的运行。

主函数内容用大括号{}括起来，括号内为单片机 C 语言程序语句，每行程序语句结束加"；"。

4.3.3 函 数

函数，即子程序，是指除了主函数之外的各个函数。函数可以命名为各种名称，但不可与 C 语言保留字相同。函数与主函数的格式是一样的，函数内容用大括号{}括起来，括号内为单片机 C 语言程序语句，每行程序语句结束加"；"。

4.4　C51 基本数据类型

　　单片机的基本功能是进行数据处理,数据在进行处理时需要先存放到单片机的存储器中。所以编写程序时对使用的常量与变量都要先声明数据类型,以便把不同的数据类型定位在 51 单片机的不同存储区中。

　　具有一定格式的数字或数值叫做数据,数据的不同格式叫做数据类型。数据类型是用来表示数据存储方式及所代表的数值范围的。C51 的数据类型与一般 C 语言的数据类型大多相同,但也有其扩展的数据类型。

4.4.1　基本数据类型

　　基本数据类型按数据占用存储器空间的大小分为 4 类,如表 4.1 所列。

➢ 位型(bit/sbit):代表存放 1 位数据(bit 代表数据存放在位 20H～2FH 区间);

➢ 字符型(char):代表存放 8 位数据;

➢ 整型(int):代表存放 16 位数据;

➢ 长整形(long):代表存放 32 位数据;

➢ 实型(单精度 float):代表存放 32 位数据;

➢ 实型(双精度 double):代表存放 64 位数据;

➢ 实型(长双精度 long double):代表存放 128 位数据。

表 4.1　基本数据类型

数据类型	数据类型	长　　度	值 域 范 围
位型	Bit(位型)	1 bit	0,1
	sbit	1 bit	0,1,特殊功能寄存器的某一位
无符号字符型	unsigned char	1 byte	0～255
有符号字符型	signed char	1 byte	−128～127
	sfr	1 byte	0～255
无符号整型	unsigned int	2 byte	0～65 535
有符号整型	signed int	2 byte	−32 768～32 767
	sfr16	2 byte	0～65 535
	*	1～3 byte	对象的地址
无符号长型	unsigned　long	4 byte	0～4 294 967 295
有符号长型	signed　long	4 byte	−2 147 483 648～2 147 483 647
浮点型	float	4 byte	+1.175 494E−38～+3.402 823E+38

小知识点:float 型究竟用多少位来表示小数部分、多少位来表示指数部分,标准

C 语言里面并无具体规定,由各编译系统自定,不少 C 编译系统以 24 位表示小数部分(包括符号),以 8 位表示指数部分(包括指数的符号)。

C51 语言常用的基本数据类型主要是 char(单字节字符型)和 int(双字节整型)两种,这两种数据类型对数据表示范围不同,处理速度也不相同。51 单片机的 CPU 是 8 位字长的,所以处理 char 类型的数据速度最快,而处理 16 位的 int 类型数据则要慢得多。

另外 short 与 long 属整型数据、float 与 double 型属浮点型数据。

当程序中出现表达式或变量赋值运算时,若运算对象的数据类型不一致,数据类型可以自动进行转换,转换按以下优先级别自动进行:bit→char→int→long→float; unsigned→signed 。

4.4.2　常量与变量

1. 常量

在程序运行中其值不能改变的量称为常量。

(1) 整型常量

可以表示为十进制,如 123、0、−8 等。十六进制则以 0x 开头,如 0x34。长整型就在数字后面加字母 L,如 10L、0xF340L 等。

(2) 浮点型常量

分为十进制和指数表示形式。十进制由数字和小数点组成,如 0.888、3 345.345、0.0 等,整数或小数部分为 0 时可以省略 0 但必须有小数点。指数表示形式为:[±]数字[.数字]e[±]数字;

[ ]中的内容为可选项,其中内容根据具体情况可有可无,但其余部分必须有,如123e3、5e6、−1.0e−3。而 e3、5e4.0 则是非法的表示形式。

(3) 字符型常量

是单引号内的字符,如'a'、'd'等。

(4) 字符串型常量

由双引号内的字符组成,如"hello"、"english"等。当引号内的没有字符时,为空字符串。用标识符代表的常量称为符号常量。例如:在指令"＃define PI 3.1415926"后,符号常量 PI 即代表圆周率 3.1 415 926。

2. 变量

1) 变量类型

在程序运行中,其值可以改变的量称为变量。一个变量主要由两部分构成:一个是变量名,一个是变量值。每个变量都有一个变量名,在内存中占据一定的存储单元(地址),并在该内存单元中存放该变量的值。C51 支持的变量通常有如下类型。

(1) 位变量(bit)

位变量的值可以是 1(true)或 0(false)。与 8051 硬件特性操作有关的位变量必须定位在 8051 CPU 片内存储区(RAM)的可位寻址空间中。

(2) 字符变量(char)

字符变量的长度为 1 byte,即 8 位。C51 编译器默认的字符型变量为无符号型(unsigned char)。负数在计算机中存储时一般用补码表示。

(3) 整型变量(int)

整型变量的长度为 16 位。8051 系列 CPU 将整型变量的 msb 存放在低地址字节。有符号整型变量(signed int)也使用 msb 位作为标志位,并使用二进制的补码表示数值。长整型变量(long int)占用 4 个字节(byte),其他方面与整型变量(int)相似。

(4) 浮点型变量(float)

浮点型变量占 4 个字节(byte),许多复杂的数学表达式都采用浮点变量数据类型。它用符号位表示数的符号,用阶码和尾数表示数的大小。用它们进行任何数学运算都需要使用由编译器决定的各种不同效率等级的库函数。

小知识点:在编程时,为了书写方便,经常使用简化的缩写形式来定义变量的数据类型。其方法是在源程序开头使用♯define 语句。

例如:♯define uchar unsigned　char

　　　♯define uint unsigned　int

2) 变量的存储

变量的存储器类型是指该变量在 8051 系列单片机硬件系统中所使用的存储区域,并在编译时准确定位。8051 系列单片机将程序存储器(ROM)和数据存储器(RAM)分开,并各有各自的寻址机构和寻址方式。8051 系列单片机在物理上有 4 个存储空间:片内程序存储器空间、片外程序存储器空间、片内数据存储器空间、片外数据存储器空间。表 4.2 列出了 KEIL μVision2 所能支持的存储器类型。

表 4.2　KEIL μVision2 所能支持的存储器类型

存储器类型	说　明
Data	直接访问内部数据存储器(128 字节),访问速度最快
Bdata	可位寻址内部数据存储器(16 字节),允许位与字节混合访问(20H～2FH)
Idata	间接访问内部数据存储器(256 字节),允许访问全部 256 字节地址
Pdata	分页访问外部数据存储器(256 字节),用 MOVX @Ri 指令访问
Xdata	外部数据存储器(64 KB),用 MOVX @DPTR 指令访问
Code	程序存储器(64 KB),用 MOVC @A+DPTR 指令访问

注意:在 AT89C51 芯片中 RAM 只有低 128 位,位于 80H～FFH 的高 128 位则在 52 芯片中才有用,并和特殊寄存器地址重叠。定义变量时如果省略存储器类型,

则系统会按编译模式 SMALL、COMPACT 或 LARGE 所规定的默认存储器类型去指定变量的存储区域。无论什么存储模式都可以声明变量在任何 8051 存储区范围，然而把最常用的变量、命令放在内部数据区可以显著地提高系统性能。C51 支持的主要编译模式如表 4.3 所列。

表 4.3 C51 支持的主要编译模式

存储模式	说　明
SMALL	函数参数及局部变量放在片内 RAM(默认变量类型为 DATA,最大为 128 字节)。另外所有对象包括栈都优先放置于片内 RAM 中,当片内 RAM 用满,再向片外 RAM 放置
COMPACT	参数及局部变量放在片外 RAM(默认的存储类型是 PDATA,最大为 256 字节);通过 R0 和 R1 间接寻址,栈位于 8051 片内 RAM
LARGE	参数及局部变量直接放入片外 RAM(默认的存储类型是 XDATA,最大为 64 KB);使用数据指针 DPTR 间接寻址。因此访问效率较低且直接影响代码长度

4.5 8051 片内资源及位变量

4.5.1 特殊功能寄存器的 C51 定义

8051 单片机的内部高 128 个字节为专用寄存器区,其中 51 子系列有 21 个(52 子系列有 26 个)特殊功能寄存器(SFR),它们离散地分布在这个区中,分别用于 CPU 并口、串口、中断系统、定时/计数器等功能单元及控制和状态寄存器。

对 SFR 的操作,只能采用直接寻址方式。为了能直接访问这些特殊功能寄存器,Keil C51 扩充了两个关键字 sfr 和 sfr16,可以直接对 51 单片机的特殊寄存器进行定义,这种定义方法与标准 C51 语言不兼容,只适用于对 8051 系列单片机 C51 编程。

定义方法如下：

sfr 特殊功能寄存器名 ＝ 特殊功能寄存器地址常数;
sfr16 特殊功能寄存器名 ＝ 特殊功能寄存器地址常数;

对于 8051 片内 I/O 口,定义方法如下：

sfr P1 ＝ 0x90; //定义 P1 口,地址 90H
sfr P2 ＝ 0xA0; //定义 P1 口,地址 A0H

sfr 后面是一个要定义的名字,要符合标识符的命名规则,名字最好有一定的含义。等号后面必须是常数,不允许有带运算符的表达式,而且该常数必须在特殊功能寄存器的地址范围之内(80H～FFH)。sfr 是定义 8 位的特殊功能寄存器,sfr16 用来定义 16 位特殊功能寄存器,如 8052 的 T2 定时器,可以定义为："sfr16 T2 ＝

0xCC;"。这里定义 8052 定时器 2,地址为 T2L＝CCH,T2H＝CDH。用 sfr16 定义 16 位特殊功能寄存器时,等号后面是它的低位地址,高位地址一定要位于物理低位地址之上。注意,sfr16 不能用于定时器 0 和 1 的定义。对于需要单独访问 SFR 中的位,C51 的扩充关键字 sbit 可以访问位寻址对象。sbit 定义某些持殊位,并接受任何符号名,"＝"号后将绝对地址赋给变量名。这种地址分配有 3 种方法,如下:

1. sbit 位变量名＝位地址

```
sbit P1_1 = 0x91;
```

这样是把位的绝对地址赋给位变量。

同 sfr 一样,sbit 的位地址必须位于 80H～FFH 之间。

2. Sbit 位变量名＝特殊功能寄存器名位位置

```
sfr P3 = 0xB0;
sbit P3_1 = P3 ^ 1;        //先定义一个特殊功能寄存器名,再指定位变量名所在的位置
```

当可寻址位位于特殊功能寄存器中时可采用这种方法。

3. sbit 位变量名＝字节地址^位位置

```
sbit P3_1 = 0xB0 ^ 1;
```

C51 提供一个 bdata 的存储器类型,用于访问单片机的可位寻址区的数据,程序如下所示:

```
unsigned char bdata age;   //在位寻址区定义 unsigned char 类型的变量 age
int bdata score[2];        //在可位寻址区定义数组 score[2]
sbit flag = age^7          //用关键字 sbit 定义位变量来独立访问可寻址位对象的其中一位
```

C51 提供关键字 bit 实现位变量的定义及访问。

```
bit flag;                  // 将 flag 定义为位变量
```

通常 C51 编译器会将位变量分配在位寻址区的某一位。

(1) 位变量不能定义成一个指针,如不能定义:bit ＊ POINTER。

(2) 不能定义位数组,如不能定义:bit array[2]。

(3) bit 与 sbit 的不同。bit 不能指定位变量的绝对地址,当需要指定位变量的绝对地址(范围必须在 0x80～0xff)时,需要使用 sbit 来定义。

```
例:sbit flag = P1^0;        //也可使用 sbit 访问可位寻址对象的位
    char bdata jj ;         /＊ jj 定义为 bdata 字符型变量 ＊/
    int bdata sum[2];       /＊在可位寻址区定义数组 sum[2],也称为可寻址位对象 ＊/
```

可位寻址对象也可以字节寻址。

例："jj＝0；/＊jj 赋值为 0＊/"。sbit 定义要求基址对象的存储类型为 bdata,否则只有绝对的特殊位定义(sbit)是合法的。位置('^'操作符)后的最大值依赖于指定的访问对象型,对于 char 和 uchar 而言是 0~7,对于 int 和 uint 而言是 0~15。

4.5.2 自定义变量类型 typedef

通常定义变量的数据类型时都使用标准的关键字,方便别人阅读程序。但使用 typedef 可以方便程序的移植和简化较长的数据类型定义。例如:程序设计者对变量的定义习惯了 DELPHI 的关键字,如整型数据习惯用关键字 integer 来定义,在用 C51 时还想用 integer 的话,可以这样写:

```
typedef int integer;

integer a,b;
```

4.6 运算符与表达式

4.6.1 赋值运算

利用赋值运算符将一个变量与一个表达式连接起来的式子为赋值表达式,在表达式后面加";"便构成了赋值语句。使用"＝"的赋值语句格式如下:

变量 ＝ 表达式;

例如:a = 0x10;   //将常数十六进制数 10 赋于变量 a

  f = d－e;   //将变量 d－e 的值赋于变量 f

赋值语句的意义就是先计算出"＝"右边的表达式的值,然后将得到的值赋给左边的变量。而且右边的表达式可以是一个赋值表达式。

4.6.2 算术运算

1. 算术运算符及算术表达式

C51 中的算术运算符有如下几个,其中只有取正值和取负值的运算符是单目运算符,其他的都是双目运算符。

(1) ＋ (加法运算符,或正值符号)

(2) － (减法运算符,或负值符号)

(3) ＊ (乘法运算符)

(4) / (除法运算将)

(5) ％ (模(求余)运算符。例如 5％3 结果是 5 除以 3 所得的余数 2)

(6) 用算术运算符和括号将运算对象连接起来的式子称为算术表达式。运算对象包括常量、变量、函数、数组、结构体等。

（7）算术表达式的形式：表达式 1　算术运算符　表达式 2

例如：a＋b,(x＋4)/(y−b),y−sin(x)/2

小知识点：除法(/)、求余(%)一般用于数的位数分离,如将 123 位分离的程序如下：

```
uchar a,b,c
a = 123/100 = 1;
b = 123 % 100/10 = 2;
c = 123 % 100 % 10 = 3;
```

2. 算术运算的优先级与结合性

算术运算符的优先级规定为：先乘除模,后加减,括号最优先。乘、除、模运算符的优先级相同,并高于加减运算符。括号中的内容优先级最高。

a＋b＊c；

乘号的优先级高于加号,故先运算 b＊c,所得的结果再与 a 相加。

(a＋b)＊(c−d)−6；

括号的优先级最高,＊次之,减号优先级最低。故先运算(a＋b)和(c−d),

然后将二者的结果相乘,最后再与 6 相减；算术运算的结合性规定为自左至右方向,称为"左结合性"。即当一个运算对象两边的算术运算符优先级相同时,运算对象先与左面的运算符结合。

a＋b−c；

b 两边是"＋"、"−"运算符优先级相同,按左结合性优先执行 a＋b 再减 c。

3. 数据类型转换运算

当运算符两侧的数据类型不同时必须通过数据类型转换将数据转换成同种类型。转换的方式有两种：自动类型转换和强制类型转换。

（1）自动类型转换。由 C51 编译器编译时自动进行。数据自动类型转换规则如下所示。

char→int→long→float→double

unsigned ─────→signed

低─────→高

（2）强制类型转换：需要使用强制类型转换运算符,其格式为：(类型名)（表达式)；例如：

```
(double)xx        // 将 xx 强制转换成 double 类型
(int)(a + b)      // 将 a + b 的值强制转换成 int 类型
```

使用强制转换类型运算符后,运算结果被强制转换成规定的类型。

例如：

```
unsigned char x,y;
unsigned char z;
z = (unsigned  char)(x * y);
```

4.6.3 关系运算

1. 关系运算符

(1) <   (小于)

(2) >   (大于)

(3) <=   (小于或等于)

(4) >=   (大于或等于)

(5) ==   (等于)

(6) !=   (不等于)

关系运算符同样有着优先级别。前 4 个具有相同的优先级,后两个也具有相同的优先级,但是前 4 个的优先级要高于后两个。关系运算符的结合性为左结合。

2. 关系表达式

关系表达式就是用关系运算符连接起来两个表达式。关系表达式通常用来判别某个条件是否满足。要注意的是用关系运算符的运算结果只有 0 和 1 两种,也就是逻辑的真与假,当指定的条件满足时结果为 1,不满足时结果为 0。关系表达式的结构是:表达式 1 关系运算符 表达式 2。例如:

(1) a>b;   //若 a 大于 b,则表达式值为 1(真)

(2) b+c<a;   //若 a=3,b=4,c=5,则表达式值为 0(假)

(3) (a>b)==c;   //若 a=3,b=2,c=1,则表达式值为 1(真)。因为 a>b
                   //值为 1,等于 c 值

(4) c==5>a>b;   //若 a=3,b=2,c=1,则表达式值为 0(假)

4.6.4 逻辑运算

关系运算符反映两个表达式之间的大小等于关系,逻辑运算符则用于求条件式的逻辑值,用逻辑运算符将关系表达式或逻辑量连接起来就是逻辑表达式。C51 提供 3 种逻辑运算:逻辑与(&&)、逻辑或(||)、逻辑非(!)。

逻辑表达式的一般形式为:

➢ 逻辑与:条件式 1 && 条件式 2;

➢ 逻辑或:条件式 1 || 条件式 2;

➢ 逻辑非:! 条件式。

逻辑表达式的结合性为自左向右。逻辑表达式的值应该是一个逻辑值"真"或"假",以 0 代表假,以 1 代表真。

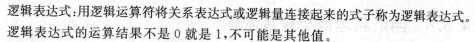

逻辑表达式:用逻辑运算符将关系表达式或逻辑量连接起来的式子称为逻辑表达式。逻辑表达式的运算结果不是 0 就是 1,不可能是其他值。

C51 逻辑运算符与算术运算符、关系运算符、赋值运算符之间优先级的次序如下:

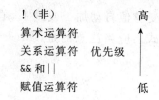

＞ &:按位与;

4.6.5　位运算

C51 语言直接面对 8051 单片机,对于 8051 单片机强大灵活的位处理能力也提供了位操作指令。C51 中共有 6 种位运算符:

＞ &:按位与;

＞ |:按位或;

＞ ^:按位异或;

＞ ~:按位取反;

＞ <<:位左移;

＞ >>:位右移。

位运算符的作用是按位对变量进行运算,但是并不改变参与运算的变量的值。如果要求按位改变变量的值,则要利用相应的赋值运算。应当注意的是位运算符不能对浮点型数据进行操作。

位运算一般的表达形式如下:"变量1　位运算符　变量2";按位与、或、异或的真值表,如表 4.4 所列。

位运算符也有优先级。从高到低依次是:"|"(按位或)→"^"(按位异或)→"&"(按位与)→">>"(右移)→"<<"(左移)→"~"(按位取反)。

"位取反"运算符"~"的作用是对一个二进制数按位进行取反,即 0 变 1,1 变 0。

位左移运算符" << "和位右移运算符">>"用来将一个数的各二进制位全部左移或右移若干位,移位后,空白位补 0,而溢出的位舍弃。移位运算并不能改变原变量本身。

表 4.4　按位与、或、异或的真值表

X	Y	X&Y	X|Y	X^Y
0	0	0	0	0
0	1	0	1	1
1	0	0	1	1
1	1	1	1	0

4.6.6 自增减运算及复合运算

1. 自增减运算

C51 提供自增运算"++"和自减运算"——",使变量值自动加 1 或减 1。自增运算和自减运算只能用于变量而不能用于常量表达式。应当注意的是,"++"和"——"的结合方向是"自右向左"。

例如:

```
++i;   //在使用 i 之前,先使 i 值加 1
——i;   //在使用 i 之前,先使 i 值减 1
i++;   //在使用 i 之后,再使 i 值加 1
i——;   //在使用 i 之后,再使 i 值减 1
```

2. 复合运算

复合赋值运算符就是在赋值运算符"="的前面加上其他运算符。

以下是 C51 语言中的复合赋值运算符:

➤ +=:加法赋值;

➤ —=:减法赋值;

➤ *=:乘法赋值;

➤ /=:除法赋值;

➤ %=:取模赋值;

➤ >>=:右移位赋值;

➤ <<=:左移位赋值;

➤ &=:按位与赋值;

➤ |=:按位或赋值;

➤ ^=:按位异或赋值;

复合运算的一般形式为:变量　复合赋值运算符　表达式

例如:a+=3;等价于 a=a+3;

b/=a+5;等价于 b=b/(a+5);

4.6.7 条件运算符

C51 也支持语言中有一个 3 目运算符,它就是条件运算符"?:",可以把 3 个表达式连接构成一个条件表达式。条件表达式的一般形式为"逻辑表达式? 表达式 1 : 表达式 2"。

条件运算符的作用简单来说就是根据逻辑表达式的值选择使用表达式的值。

当逻辑表达式的值为真时(非 0 值)时,整个表达式的值为表达式 1 的值;当逻辑表达式的值为假(值为 0)时,整个表达式的值为表达式 2 的值。

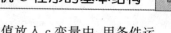

例如:若有 a＝3,b＝5,要求是取 a、b 两数中的较大的值放入 c 变量中,用条件运算符去构成条件表达式只需要一条语句:

c = (a＞b)? a：b

4.6.8　逗号运算符

可以用它将两个或多个表达式连接起来,形成逗号表达式。

① 逗号表达式的一般形式为:表达式 1,表达式 2,表达式 3,……,表达式 n。

② 用逗号运算符组成的表达式在程序运行时,是从左到右计算出各个表达式的值,而整个用逗号运算符组成的表达式的值等于最右边表达式的值,就是"表达式 n"的值。

③ 在实际的应用中,大部分情况下,使用逗号表达式的目的只是分别得到各个表达式的值,而并不一定要得到和使用整个逗号表达式的值。

④ 并不是在程序的任何位置出现的逗号,都可以认为是逗号运算符。如函数中的参数,参数之间的逗号只是用于间隔而不是逗号运算符。

4.7　总　结

本课主要介绍了单片机 C 程序的基本结构(一般由头文件、主函数和函数 3 部分组成)。常用的数据类型(位型、字符型、整型,浮点型等),以及它们的范围(如字符型:unsigned char 0～255、整型:unsigned int 0～65 535)。注意:＋＋i 是先自加,后使用;i＋＋是先使用,后自加。单目运算符,符合右结合性;双目运算符,符合左结合性。

习　题

1. 单片机 C 语言程序一般由哪几部分组成?
2. Bit 与 sbit 的区别是什么?
3. 取反操作～ 与!(布尔运算)的区别是什么?

第**5**课
C51 基本结构程序设计

　　C51 语言是结构化编程语言。结构化语言的基本元素是模块,它是程序的一部分,只有一个出口和一个入口,不允许有偶然的中途插入或以模块的其他路径退出。结构化编程语言在没有妥善保护或恢复堆栈和其他相关的寄存器之前,不应随便跳入或跳出一个模块。因此使用这种结构化语言进行编程,当要退出中断时,堆栈不会因为程序使用了任何可以接受的命令而崩溃。结构化程序由若干模块组成,每个模块中包含着若干个基本结构,而每个基本结构中可以有若干条语句。归纳起来,C51程序有顺序结构、选择结构、循环结构共 3 种结构。

5.1　顺序结构

　　顺序结构是一种最基本、最简单的编程结构。在这种结构中,程序由低地址向高地址顺序执行指令代码。如图 5.1 所示,程序先执行 A 操作,再执行 B 操作,两者是顺序执行的关系。

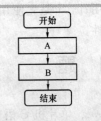

图 5.1　顺序结构流程图

5.2　选择结构

　　在选择结构中,程序首先对一个条件语句进行测试。当条件为"真"(True)时,执行一个方向上的程序流程;当条件为"假"(False)时,执行另一个方向上的程序流程,如图 5.2 所示。

5.2.1　if 语句

　　C51 语言的 if 语句有 3 种基本形式。

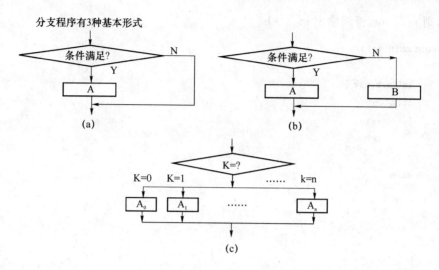

图 5.2　分支程序结构流程图

1. 第 1 种形式为基本形式

if(表达式) 语句

其语义是:如果表达式的值为真,则执行其后的语句,否则不执行该语句,其过程如图 5.2(a)所示。

例:比较两个整数,max 为其中的大数。

```
void main(void)
{
    int a,b,max ;
    max = a ;
    if(max<b)
    {
        max = b ;
    }
}
```

2. 第 2 种形式为 if – else 形式

if(表达式)

　　语句 1;

else

　　语句 2;

其语义是:如果表达式的值为真,则执行语句 1,否则执行语句 2 。其过程如图 5.2(b)所示。

例:比较两个整数,max 为其中的大数。改用 if – else 语句判别 a 和 b 的大小,若

a 大,则 max＝a,否则输出 max＝b。

```
void main(void)
{
    int a,b,max ;
    if(a>b)
    {
        max = a ;
    }
    else
    {
        max = b ;
    }
}
```

3. 第 3 种形式为 if－else－if 形式

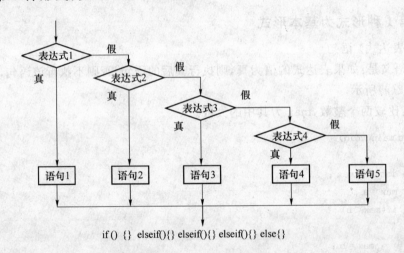

if () {} elseif(){} elseif(){} elseif(){} else{}

图 5.3 选择程序结构流程图

前两种形式的 if 语句一般都用于两个分支的情况。当有多个分支选择时,可采用 if－else－if 语句,其一般形式为:

```
if(表达式)
语句;
else if(表达式)
语句;
else if(表达式)
语句;
…
else if(表达式 m)
```

```
语句 m；
else
语句 n；
```

其语义是：

依次判断表达式的值，当出现某个值为真时，则执行其对应的语句。然后跳到整个 if 语句之外继续执行程序。如果所有的表达式均为假，则执行语句 n，然后继续执行后续程序。

使用 if 语句应注意以下问题：

① 在 3 种形式的 if 语句中，在 if 关键字之后均为表达式。该表达式通常是逻辑表达式或关系表达式，但也可以是其他表达式，如赋值表达式等，甚至也可以是一个变量。例如："if(a=5) 语句；if(b)语句；"都是允许的。只要表达式的值为非 0，即为"真"。如在"if(a=5)…；"中，表达式的值永远为非 0，所以其后的语句总是要执行的，当然这种情况在程序中不一定会出现，但在语法上是合法的。

② 在 if 语句中，条件判断表达式必须用括号括起来，在语句之后必须加分号。

③ 在 if 语句的 3 种形式中，所有的语句应为单个语句，如果想在满足条件时执行一组（多个）语句，则必须把这一组语句用{ }括起来组成一个复合语句。但要注意的是在"}"之后不能再加分号。

例如：

```
if(a＞b)
{
    a++；
    b++；
}
else
{
    a=0；
    b=10；
}
```

5.2.2　switch – case 语句

C51 语言还提供了另一种用于多分支选择的 switch 语句，其一般形式为：

```
switch(表达式)
{
    case 常量表达式 1：语句 1；
    case 常量表达式 2：语句 2；
    …
    case 常量表达式 n：语句 n；
```

```
    default:语句 n + 1;
}
```

其语义是:

计算表达式的值。并逐个与其后的常量表达式值相比较,当表达式的值与某个常量表达式的值相等时,即执行其后的语句,然后不再进行判断,继续执行后面所有 case 后的语句。如表达式的值与所有 case 后的常量表达式均不相同时,则执行 default 后的语句。其执行流程图如图 5.2(c)所示。

范例 1:switch 语句

```
uchar x,a = 3;
switch(a)
{
    case 1:x = 4;
    case 3:x = 8;
    case 7:x = 83;
    default:x = 100;
}
```

执行结果:x＝100。

范例 2:switch - case - break 语句

如果

```
uchar x,a = 3;
switch(a)
{
    case 1:x = 4;break;
    case 3:x = 8;break;
    case 7:x = 83;break;
    default:x = 100;
}
```

执行结果:x＝8。

5.3 break 语句

C51 语言还提供了一种 break 语句,专用于跳出 switch 语句,break 语句只有关键字 break,没有参数。

在每个 case 语句之后增加 break 语句,使每一次执行之后均可跳出 switch 语句,从而避免输出不应有的结果。在使用 switch 语句时还应注意以下几点:

① 在 case 后的各常量表达式的值不能相同,否则会出现错误。

② 在 case 后允许有多个语句,可以不用{}括起来。

③ 各 case 和 default 语句的先后顺序可以变动,而不会影响程序的执行结果。

④ default 语句可以省略不用。

5.4 循环结构

程序设计中,常常要求某一段程序重复执行多次,这时可采用循环结构程序。这种结构可大大简化程序,但程序执行的时间并不会减少。循环程序的结构如图 5.4 所示。

图 5.4(a)是典型的 while 循环结构,控制语句在循环体之前,所以在结束条件已具备的情况下,循环体程序可以一次也不执行。

C51 提供了 while 和 for 语句实现这种循环结构。

图 5.4(b)所示结构中的控制部分在循环体之后,因此,即使在执行循环体程序之前结束条件已经具备,循环体程序至少还要执行一次,因此称为直到型循环结构,C51 提供了 do - while 语句实现这种循环结构。循环程序一般包括如下 4 个部分:

① 初始化:置循环初值,即设置循环开始的状态,比如设置地址指针、设定工作寄存器、设定循环次数等。

② 循环体:这是要重复执行的程序段,是循环结构的基本部分。

③ 循环控制:循环控制包括修改指针、修改控制变量和判断循环结束还是继续。修改指针和变量是为下一次循环判断作准备,当符合结束条件时,结束循环;否则,继续循环。

④ 结束:存放结果或做其他处理。

在循环程序中,有两种常用的控制循环次数的方法,如下所示:

① 一种是循环次数已知,这时把循环次数作为循环计算器的初值,当计数器的值加满或减为 0 时,即结束循环;否则,继续循环。

② 另一种是循环次数未知,这时可根据给定的问题条件来判断是否继续。

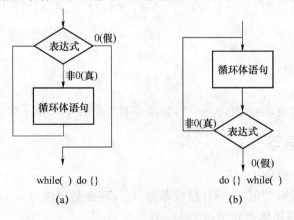

图 5.4 循环程序的结构

5.4.1　while 语句

while 语句的一般形式为：while(表达式)　语句；

其中表达式是循环条件，语句为循环体。while 语句的语义是：计算表达式的值，当值为真（非 0）时，执行循环体语句。其执行过程可用图 5.4(a)表示。使用 while 语句应注意以下几点：

① while 语句中的表达式一般是关系表达或逻辑表达式，只要表达式的值为真（非 0）即可继续循环。

② 循环体如包括有一个以上的语句，则必须用{}括起来，组成复合语句。

③ 应注意循环条件的选择以避免死循环。

5.4.2　do – while 语句

do – while 语句的一般形式为：

```
do
{
    语句；
} while(表达式);
```

其中语句是循环体，表达式是循环条件。

do – while 语句的语义是：先执行循环体语句一次，再判别表达式的值，若为真（非 0）则继续循环，否则终止循环。

do – while 语句和 while 语句的区别如下。

① do – while 是先执行后判断，因此 do – while 至少要执行一次循环体；

② while 是先判断后执行，如果条件不满足，则循环体语句一次也不执行。

while 语句和 do – while 语句一般都可以相互改写。

do – while 范例：

```
uchar a,x = 1;
    do
    {
        x = x + 1;
    }while(a);
```

执行结果：如果 a＝0，那么 x＝2；如果 a 不为 0 如为 1，则 x 的值不确定。

5.4.3　for 语句

for 语句的一般格式为：

for([变量赋初值];[循环继续条件];[循环变量增值])

{ 循环体语句组；}

执行过程如图 5.5 所示。

for 语句的执行过程如下所示。

① 求解"变量赋初值"表达式 1。

② 求解"循环继续条件"表达式 2。如果其值非 0,执行③;否则,转至④。

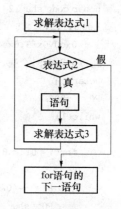

③ 执行循环体语句组,并求解"循环变量增值"表达式 3,然后转向②。

④ 执行 for 语句的下一条语句。

应当注意的问题如下:

① "变量赋初值"、"循环继续条件"和"循环变量增值"部分均可缺省,甚至全部缺省,但其间的分号不能省略。

图 5.5　for 语句执行流程图

② 当循环体语句组仅由一条语句构成时,可以不使用复合语句形式;

③ "循环变量赋初值"表达式 1,既可以是给循环变量赋初值的赋值表达式,也可以是与此无关的其他表达式(如逗号表达式)。

④ "循环继续条件"部分是一个逻辑量,除一般的关系(或逻辑)表达式外,也允许是数值(或字符)表达式。

for 语句中的各表达式都可省略,但分号间隔符不能少。如:

➤ for(;表达式;表达式)　　省去了表达式 1;

➤ for(表达式;;表达式)　　省去了表达式 2;

➤ for(表达式;表达式;)　　省去了表达式 3;

➤ for(;;)　　　　　　　　省去了全部表达式。

在循环变量已赋初值时,可省去表达式 1,如例 1 所示。如省去表达式 2 或表达式 3 则将造成无限循环,这时应在循环体内设法结束循环。

1. 例子 1:数码管显示 0～8 程序

```c
#include <reg52.h> //头文件
#define uchar unsigned char
#define uint  unsigned int
void delay(uchar t);//函数声明
/* --------------------------------------------------------- */
/* 延时函数 */
void delay(uchar t)
{
    for(;t !=0;t--);
}
/* --------主函数--------------------------------------------- */
void main(void)
```

```
{
    uchar code shu[12] =
    { //0,1,2,3,4,5
        0xc0,0xf9,0xa4,0xb0,0x99,0x92,0x82,0xf8,0x80,0x90,0x00,0xff
    };//6,7,8,9,全亮、全灭//共阳极数码管显示段码
    uchar i ;
    P0 = 0x00 ;
    while(1)
    {
        for(i = 0;i<8;i++)
        {
            P1 = ~(0X01<<i);
            P0 = shu[i];
            delay(200);//延时函数调用
        }
    }
}
```

2. 例子2：

```
uchar x = 1,z = 1,i;
    // ①   ②    ③
for(i = 0;i<2;i++)
{
    x = x + 1;//④
}
z = z + 1;//⑤
y = x;
```

执行结果：y＝x＝3，z＝2。程序执行流程如图5.6所示。

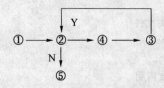

图 5.6　例 2 的程序流程图

5.4.4　循环嵌套

① 循环语句的循环体内，又包含另一个完整的循环结构，称为循环的嵌套。循环嵌套的概念，对所有高级语言都是一样的。

② for 语句和 while 语句允许嵌套，do - while 语句也不例外。

5.5　其他语句

如果需要改变程序的正常流向,可以使用本节介绍的转移语句;C51 提供了 4 种转移语句:goto、break、continue 和 return;其中 return 语句只能出现在被调函数中,用于返回主调函数。

5.5.1　循环语句中的 break 语句

break 语句只能用在 switch 语句或循环语句中,其作用是跳出 switch 语句或跳出本层循环,转去执行后面的程序。由于 break 语句的转移方向是明确的,所以不需要语句标号与之配合。

break 语句的一般形式为:break;

注意:break 语句只能用于 switch – case – break 和循环语句中!

例如:

```
void main(void)
{
    uchar a = 1,b = 1;
    int n ;
    for(n = 1;n<2;n + + )
    {
        a = a + 1 ;
        break ;
        b = b + 1 ;
    }
    while(1);
}
```

执行结果:a=2,b=1。

5.5.2　continue 语句

continue 语句只能用在循环体中,其一般格式是:"continue;"。

其语义是:结束本次循环,即不再执行循环体中 continue 语句之后的语句,转入下一次循环条件的判断与执行。应注意的是,本语句只结束本层本次的循环,并不跳出循环。

例如:

```
void main(void)
{
    uchar a = 1,b = 1;
```

```
    int n ;
    for( n = 0 ; n < 2 ; n + + )
    {
        a = a + 1 ;
        continue ;
        b = b + 1 ;
    }
    while(1) ;
}
```

执行结果:a＝3,b＝1。

5.5.3 goto 语句

goto 语句也称为无条件转移语句,其一般格式为"goto 语句标号;"。

其中语句标号是按标识符规定书写的符号,放在某一语句行的前面,标号后加冒号(:)。语句标号起标识语句的作用,与 goto 语句配合使用。在结构化程序设计中一般不主张使用 goto 语句,以免造成程序流程的混乱。

5.5.4 return 语句

return 语句仅用于被调用函数的返回。

5.6 总 结

C 语言有 9 条语句,32 个关键字。

(1) 顺序结构语句:0 条语句;

(2) 选择结构语句:2 条语句(if,switch – case – break);

(3) 循环结构语句:3 条语句(for,while,do – while);

(4) 转移语句:4 条语句(break,continue,goto,return)。

习 题

用 9 条语句写 5 个流水灯程序。

第**6**课

函 数

6.1 函数的声明与定义、调用

　　C51 中所有的函数与变量一样,在使用之前必须声明。所谓声明,是指说明函数是什么类型的函数,一般库函数的声明都包含在相应的头文件<＊.h>中。在使用库函数时必须先知道该函数包含在什么样的头文件中,在程序的开头用"＃include<＊.h>"或"＃include"＊.h""说明。只有这样程序才会编译通过。

　　例如:标准输入输出函数包含在"stdio.h"中,非标准输入输出函数包含在"io.h"中。

6.1.1 函数的声明

　　函数声明的形式为:

　　函数类型　函数名(数据类型　形式参数,　数据类型　形式参数,……);

　　其中:函数类型是该函数返回值的数据类型,可以是以前介绍的整型(int)。长整型(long)。字符型(char)。单浮点型(float)。双浮点型(double)以及无值型(void),也可以是指针,包括结构指针。无值型表示函数没有返回值。

　　函数名为 C51 的标识符,小括号中的内容为该函数的形式参数说明。

　　可以只有数据类型而没有形式参数,也可以两者都有。

　　对于经典的函数说明没有参数信息。

　　如:

```
int putlll(int x,int y,int z,int color,char ＊ p)      /＊说明一个整型函数＊/
char ＊ name(void);                                   /＊说明一个字符串指针函数＊/
void student(int n,char ＊ str);                       /＊说明一个无返回值的函数＊/
```

　　注意:如果一个函数类型没有声明就被调用,编译程序并不认为出错,而将此函数默认为整型(int)函数。因此当一个函数返回其他类型,又没有事先说明,编译时将会出错。

6.1.2 函数定义

函数定义就是确定该函数完成什么功能以及怎么运行,相当于其他语言的一个子程序。

C51 对函数的定义采用 ANSI C 规定的方式。即:

函数类型 函数名(数据类型 形式参数,数据类型 形式参数,……)
{
　　函数体;
}

其中函数类型和形式参数的数据类型为 C51 的基本数据类型。

函数体为 C51 提供的库函数、语句以及其他用户自定义函数调用语句的组合,并包括在一对花括号"{ }"中。需要指出的是一个程序必须有一个主函数,其他用户定义的子函数可以是任意多个,这些函数的位置也没有什么限制,可以在 void main(void)函数前,也可以在其后。

C51 将所有函数都被认为是全局性的。而且是外部的,即可以被另一个文件中的任何一个函数调用。

6.1.3 函数的调用

1. 函数的简单调用

C51 调用函数时直接使用函数名和实参的方法,即把要赋给被调用函数的参量,按该函数说明的参数形式传递过去,然后进入子函数运行,运行结束后再按子函数规定的数据类型返回一个值给调用函数。

【例 6-1】 输入两个整数,输出其中较大的值。

```
#include<stdio.h>
int max(int a,int b);/*声明一个用户自定义函数*/
int max(int a,int b)
{
    if(a>b)
    return a ;
    else
    return b ;
}
void main(void)
{
```

```
int x,y,z ;
printf("input two numbers:\n");
scanf(" % d % d",&x,&y);
z = max(x,y);          / * 调用函数 * /
printf("maxmum = % d",z);
}
```

2. 函数的参数传递

1) 调用函数向被调用函数以形式参数传递

用户编写的函数一般在对其说明和定义时就规定了形式参数的类型,因此调用这些函数时参量必须与子函数中形式参数的数据类型、顺序和数量完全相同。

注意:

当数组作为形式参数向被调用函数传递时,只传递数组的地址,而不是将整个数组元素都复制到函数中去,即用数组名作为实参调用子函数,调用时指向该数组第一个元素的指针就被传递给子函数。用数组元素作为函数参数传递,当传递数组的某个元素时,数组元素作为实参,此时按使用其他简单变量的方法使用数组元素。

```
/ * * * * * * * * * * * * * * * * * * * * * * *程序名称:跑马灯程序* * * * * * * * * * * * * * * * /
# include <reg52.h>            / * 单片机 c 语言头文件 * /
# define uchar unsigned char   / * 声明变量 uchar 为无符号字符型,长度 1 个字节,值域
                                 范围 0~255 * /
# define uint   unsigned int   / * 声明变量 uint 为无符号整型,长度 2 个字节,值域范
                                 围 0~65 535 * /
void delay(unsigned int t);    //函数声明 delay()延时
//------------------延时函数(延时函数中 t 是形式参数)------
void delay(unsigned int t)
{
    for(;t != 0;t-- );
}
void main(void)
{
    uchar i ;                  / * 声明无符号字符变量 i * /
    delay(1000);               / * 函数调用延时子程序 * /
    P1 = 0Xff ;
    while(1)
    {
        for(i = 0;i<8;i ++ )
        {
            P1 = ~(0X01<<i);   //左位移运算符,用来将 1 个数的各二进制全部左移
                               //移位后,空白位补 0,而溢出的位舍弃
            delay(50000);      //50 000 是实参
```

```
        }
    }
}
```

2）被调用函数向调用函数返回值

一般使用 return 语句由被调用函数向调用函数返回值,该语句有下列用途:

① 它能立即从所在的函数中退出,返回到调用它的程序中去。

② 返回一个值给调用它的函数。

有两种方法可以终止子函数运行并返回到调用它的函数中:

① 一是执行到函数的最后一条语句后返回;

② 一是执行到语句 return 时返回。

前者当子函数执行完后仅返回给调用函数一个 0。若要返回一个值,就必须用 return 语句。只需在 return 语句中指定返回的值即可。return 语句可以向调用函数返回值,但这种方法只能返回一个参数。

3）用全局变量实现参数互传

如果将所要传递的参数定义为全局变量,可使变量在整个程序中对所有函数都可见。全局变量的数目受到限制,特别对于较大的数组更是如此。

【例 6-2】 以下示例程序中 m[10]数组是全局变量,数据元素的值在 disp()函数中被改变后,回到主函数中得到的依然是被改变后的值。

```
# include<stdio. h>
void disp(void);
int m[10];    /*定义全局变量(数组)*/
int main(void)
{
    int i ;
    printf("In main before calling\n");
    for(i = 0;i<10;i++)
    {
        m[i] = i ;
        printf(" %3d",m[i]);    /*输出调用子函数之前的数组的值,单片机 c 语言里面
                                   用不到*/
    }
    disp();    /*调用子函数*/
    printf("\nIn main after calling\n");
    for(i = 0;i<10;i++)
    printf(" %3d",m[i]);
    /*输出调用子函数后数组的值*/
    getchar();
    return 0 ;
```

```
}
void disp(void)
{
    int j ;
    printf("In subfunc after calling\n");
    /* 子函数中输出数组的值 */
    for(j = 0;j<10;j + + )
    {
        m[j] = m[j] * 10 ;
        printf(" % 3d",m[j]);
    }
}
```

运行结果：0,1,2,3,4,5,6,7,8,9
     0,10,20,30,40,50,60,70,80,90
     0,10,20,30,40,50,60,70,80,90

3. 函数的递归调用

  C51 允许函数自己调用自己，即函数的递归调用，递归调用可以使程序简洁、代码紧凑，但要牺牲内存空间作处理时的堆栈。如要求一个 n!（n 的阶乘）的值可用下面的程序实现递归调用。

【例 6 - 3】 求 n! 实例程序。

```
# include<stdio. h>
unsigned long mul(int n);
int main(void)
{
    int m ;
    puts("Calculate n! n = ? \n");
    scanf(" % d",&m);
    /* 键盘输入数据 */
    printf(" % d! = % ld\n",m,mul(m));
    /* 调用子程序计算并输出 */
    getchar();
    return 0 ;
}
unsigned long mul(int n)
{
    unsigned long p ;
    if(n>1)
    p = n * mul(n - 1);
    /* 递归调用计算 n! */
```

```
        else
        p = 1L ;
        return(p);
        / * 返回结果 * /
}
```

运行结果：calculate n!   n＝?

输入 5 时结果为：5! ＝120。

6.2 函数作用范围与变量作用域

C51 中每个函数都是独立的代码块，函数代码归该函数所有，除了对函数的调用以外，其他任何函数中的任何语句都不能访问它。

例如使用跳转语句 goto 就不能从一个函数跳进其他函数内部。除非使用全局变量，否则一个函数内部定义的程序代码和数据不会与另一个函数内的程序代码和数据相互影响。

C51 中所有函数的作用域都处于同一嵌套程度，即不能在一个函数内再说明或定义另一个函数。

C51 中一个函数对其他子函数的调用是全局的，即使函数在不同的文件中，也不必附加任何说明语句而被另一函数调用，也就是说一个函数对于整个程序都是可见的。

在 C51 中，变量是可以在各个层次的子程序中加以说明的，也就是说，在任何函数中，变量说明只允许在一个函数体的开头处说明，而且允许变量的说明（包括初始化）跟在一个复合语句的左花括号的后面，直到配对的右花括号为止。它的作用域仅在这对花括号内，当程序执行到出花括号时，它将不复存在。当然，内层中的变量即使与外层中的变量名字相同，它们之间也是没有关系的。

【例 6 - 4】 全局变量与局部变量示例。

```
# include<stdio. h>
int i = 10 ;
int main(void)
{
    int i = 1 ;
    printf(" % d\t",i);
    {
        int i = 2 ;
        printf(" % d\t",i);
        {
            extern i ;
```

```
        i += 1 ;
        printf(" % d\t",i);
    }
    printf(" % d\t", ++ i);
}
printf(" % d\n", ++ i);
return 0 ;
}
```

运行结果为:1、2、11、3、2。

6.3　总　结

(1) 函数组成:函数声明;子函数;函数调用。

(2) 函数两原则:

① 如果函数有类型,那么它一定有返回值;如果函数无类型(类型为空 void),那么它一定无返值。

② 如果函数有形式参数,那么它一定有实参向形参传递数据。

(3) 函数递归调用:函数自己调用自己叫函数的递归调用。

习　题

用函数写流水灯程序,依次让第 1 个灯亮,第 2 个、第 3 个灯亮,……。

第**7**课

数组和指针

数组是一种构造类型的数据,通常用来处理具有相同属性的一批数据。本章将介绍一维数组、二维数组、多维数组以及字符数组的定义、初始化、引用及应用。

C51 语言还提供了构造类型的数据,它们有:数组类型、结构体类型、共用体类型。构造类型数据是由基本类型数据按一定规则组成的,因此有的书称它们为"导出类型"。

7.1 一维数组

7.1.1 一维数组的定义

一维数组的定义方式为:

类型说明符　数组名[常量表达式];

例如:int a[10];

它表示数组名为 a,此数组有 10 个元素。说明:

① 数组名的命名规则和变量名相同,遵循标识符命名规则。

② 数组名后是用方括弧括起来的常量表达式,不能用圆括弧,下面的用法不对:

　int a(10);

③ 常量表达式表示元素的个数,即数组长度。

例如,在 a[10]中,10 表示 a 数组有 10 个元素,下标从 0 开始,这 10 个元素是:a[0]、a[1]、a[2]、a[3]、a[4]、a[5]、a[6]、a[7]、a[8]、a[9]。注意不能使用数组元素 a[10]。

④ 常量表达式中可以包括常量和符号常量,不能包含变量。也就是说,C51 不允许对数组的大小作动态定义,即数组的大小不依赖于程序运行过程中变量的值。

例如,下面这样定义数组是不行的:

int n;

```
scanf(" % d",&n);
int a[n];
```

7.1.2　一维数组元素的引用

数组必须先定义,后使用。C51 语言规定只能逐个引用数组元素而不能一次引用整个数组。

数组元素的表示形式为:数组名[下标]

下标可以是整型常量或整型表达式。例如:a[0]=a[5]+a[7]-a[2 * 3]。

7.1.3　一维数组的初始化

对数组元素的初始化可以用以下方法实现:

① 在定义数组时对数组元素赋以初值。

例如:int a[10] = {0,1,2,3,4,5,6,7,8,9};

② 可以只给一部分元素赋值。

例如:int a[10] = {0,1,2,3,4};

定义 a 数组有 10 个元素,但花括弧内只提供 5 个初值,这表示只给前面 5 个元素赋初值,后 5 个元素值为 0。

③ 如果想使一个数组中全部元素值为 0,可以写成

int a[10] = {0,0,0,0,0,0,0,0,0,0};不能写成 int a[10] = {0 * 10};

④ 在对全部数组元素赋初值时,可以不指定数组长度。例如:

int a[5] = {1,2,3,4,5};可以写成 int a[] = {1,2,3,4,5};

7.2　二维数组

7.2.1　二维数组的定义

二维数组定义的一般形式为:

类型说明符 数组名[常量表达式][常量表达式]

例如:float a[3][4],b[5][10];

不能写成:float a[3,4],b[5,10];

7.2.2　二维数组元素的引用

引用二维数组元素的形式为:数组名[行下标表达式][列下标表达式]

① "行下标表达式"和"列下标表达式"都应是整型表达式或符号常量。

② "行下标表达式"和"列下标表达式"的值都应在已定义数组大小的范围内。假设有数组 x[3][4]，则可用的行下标范围为 0～2，列下标范围为 0～3。

③ 对基本数据类型的变量所能进行的操作，也都适合于相同数据类型的二维数组元素。

7.2.3　二维数组的初始化

① 按行赋初值。

数据类型　数组名[行常量表达式][列常量表达式]={{第 0 行初值表},{第 1 行初值表},……,{最后 1 行初值表}};

赋值规则：将"第 0 行初值表"中的数据，依次赋给第 0 行中各元素；将"第 1 行初值表"中的数据，依次赋给第 1 行各元素；以此类推。

② 按二维数组在内存中的排列顺序给各元素赋初值。

数据类型　数组名[行常量表达式][列常量表达式]={初值表};

赋值规则：按二维数组在内存中的排列顺序，将初值表中的数据，依次赋给各元素。

如果对全部元素都赋初值，则"行数"可以省略。

注意：只能省略"行数"。

7.3　字符数组

用来存放字符量的数组称为字符数组。字符数组类型说明的形式与前面介绍的数值数组相同。例如：

```
char c[10];
char c[5][10];      //即为二维字符数组。字符数组也允许在类型说明时作初始化赋值
static char c[]={'c',' ','p','r','o','g','r','a','m'};      // 当对全体元素赋初值时
                                                           // 也可以省去长度说明
```

在 C 语言中没有专门的字符串变量，通常用一个字符数组来存放一个字符串。字符串总是以'\0'作为串的结束符。因此当把一个字符串存入一个数组时，也把结束符'\0'存入数组，并以此作为该字符串是否结束的标志。

有了'\0'标志后，就不必再用字符数组的长度来判断字符串的长度了。

C51 语言允许用字符串的方式对数组作初始化赋值。例如：

```
static char c[]={'C',' ','p','r','o','g','r','a','m'};
```

可写为：static char c[]={"C program"};

或去掉{}写为：sratic char c[]="C program";

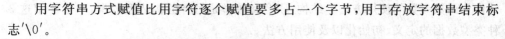

用字符串方式赋值比用字符逐个赋值要多占一个字节,用于存放字符串结束标志'\0'。

除了上述用字符串赋初值的办法外,还可用 printf 函数和 scanf 函数一次性输出、输入一个字符数组中的字符串,而不必使用循环语句逐个地输入、输出每个字符。

```
void main(void)
{
    static char c[] = "BASIC\ndBASE" ;
    printf(" % s\n",c);
}
```

注意在本例的 printf 函数中,使用的格式字符串为"％s",表示输出的是一个字符串。

7.4　C51 中数组进行初始化的规则

① 数组的每一行初始化赋值用"{}"及","分开,总的再加一对"{}"括起来,最后以";"表示结束。

② 多维数组存储是连续的,因此可以用一维数组初始化的办法来初始化多维数组。

③ 对数组初始化时,如果初值表中的数据个数比数组元素少,则不足的数组元素用 0 来填补。

7.5　数组总结

例如:
如果定义数组:uchar 　　niu　　　[3]　　=　　{3,9};
　　　　　　　　 数组类型　数组名　数组长度　数组赋初值
那么:niu[0]=3;
　　　niu[1]=9;
　　　niu[2]=0;
　　　niu[3]=不确定。(根本就不存在这个数组元素)
如果定义数组:uchar niu[]={3,9};那么,数组长度默认为2。

7.6　指　针

指针是 C51 语言的精华也是难点。本章主要介绍指针的概念、定义指针的方法,介绍指向一维数组、二维数组、字符数组的指针使用方法,指针数组的概念以及指针作为函数参数的使用方法。结构、联合和枚举是另外的构造型数据,本章介绍这 3 种类型数据的定义、初始化以及使用方法。

7.6.1　指针变量的定义

C51 语言中,对于变量的访问形式之一,就是先求出变量的地址,然后再通过地址对它进行访问,就是这里所要论述的指针及其指针变量。

所谓变量的指针,实际上指变量的地址。变量的地址虽然在形式上好像类似于整数,但在概念上不同于以前介绍过的整数,它属于一种新的数据类型,即指针类型。

C51 中,一般用"指针"来指明这样一个表达式 &x 的类型,而用"地址"作为它的值,也就是说,若 x 为一整型变量,则表达式 &x 的类型是指向整数的指针,而它的值是变量 x 的地址。

同样,若"double　d;",则 &d 的类型是指向双精度数 d 的指针,而 &d 的值是双精度变量 d 的地址。所以,指针和地址是用来叙述一个对象的两个方面。&x 和 &d 的类型是不同的,一个是指向整型变量 x 的指针,而另一个则是指向双精度变量 d 的指针。指针变量的一般定义为:

类型标识符　＊标识符;

其中标识符是指针变量的名字,标识符前加了"＊"号,表示该变量是指针变量。"类型标识符"表示该指针变量所指向的变量的类型。

一个指针变量只能指向同一种类型的变量。

定义一个指针类型的变量如下所示。

int ＊ ip;

首先说明了它是一指针类型的变量,注意在定义中不要漏写符号"＊",否则它就为一般的整型变量了。另外,在定义中的 int 表示该指针变量为指向整型数的指针类型的变量,有时也可称 ip 为指向整数的指针。

ip 是一个变量,它专门存放整型变量的地址。

指针变量在定义中允许带初始化项。如:int i, ＊ ip＝&i;

C51 中规定,当指针值为零时,指针不指向任何有效数据,有时也称指针为空指针。

7.6.2　指针变量的引用

既然在指针变量中只能存放地址,因此,在使用中不要将一个整数赋给一指针变量。下面的赋值是不合法的:

int ＊ ip;
ip = 100;

假设:

int i = 200,x;

int * ip;

可以把 i 的地址赋给 ip:

ip = &i;

此时指针变量 ip 指向整型变量 i,假设变量 i 的地址为 1 800,这个赋值可形象地理解为图 7.1 所示的联系。

以后我们便可以通过指针变量 ip 间接访问变量 i,例如:x = * ip;

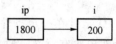

图 7.1　给指针变量赋值

运算符 * 访问以 ip 为地址的存储区域,而 ip 中存放的是变量 i 的地址,因此,* ip 访问的是地址为 1 800 的存储区域(因为是整数,实际上是从 1 800 开始的两个字节),它就是 i 所占用的存储区域,所以上面的赋值表达式等价于 x = i。

另外,指针变量和一般变量一样,存放在它们之中的值是可以改变的,也就是说可以改变它们的指向,假设

int i,j, * p1, * p2 ;

i = ´a´ ;

j = ´b´ ;

p1 = &i ;

p2 = &j ;

则建立如图 7.2 所示的联系。

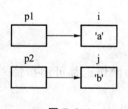

图 7.2

这时赋值表达式:p2 = p1;就使 p2 与 p1 指向同一对象 i,此时 * p2 就等价于 i,而不是 j,图 7.2 就变成图 7.3 所示。如果执行如下表达式:* p2 = * p1;则表示把 p1 指向的内容赋给 p2 所指的区域,此时图 7.2 就变成图 7.4 所示:* p2 = * p1 时的情形。由于指针是变量,我们可以通过改变它们的指向,以间接访问不同的变量,这给程序员带来灵活性,也使程序代码编写得更为简洁和有效。

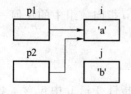

图 7.3　p2 = p1 时的情形

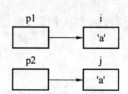

图 7.4　p2 = p1 时的情形

指针变量可出现在表达式中,设:

int x,y, * px = &x;

指针变量 px 指向整数 x,则 * px 可出现在 x 能出现的任何地方。例如:

y = * px + 5;   /* 表示把 x 的内容加 5 并赋给 y */

y = ++ * px;   /* px 的内容加上 1 之后赋给 y, ++ * px 相当于 ++ (* px)] */

y = * px ++ ;   /* 相当于 y = * px; px ++ */

7.6.3　地址运算

①　指针在一定条件下,可进行比较,这里所说的一定条件,是指两个指针指向同一个对象才有意义,例如两个指针变量 p,q 指向同一数组,则<、>、>=、<=、==等关系运算符都能正常使用。若 p==q 为真,则表示 p 和 q 指向数组的同一元素;若 p<q 为真,则表示 p 所指向的数组元素在 q 所指向的数组元素之前(对于指向数组元素的指针在下面将作详细讨论)。

②　指针和整数可进行加、减运算。设 p 是指向某一数组元素的指针,开始时指向数组的第 0 号元素,设 n 为一整数,则:p+n,就表示指向数组的第 n 号元素(下标为 n 的元素)。

不论指针变量指向何种数据类型,指针和整数进行加、减运算时,编译程序总根据所指对象的数据长度对 n 放大,一般计算机上,char 放大因子为 1,int 和 short 放大因子为 2,long 和 float 放大因子为 4,double 放大因子为 8。

③　两个指针变量在一定条件下,可进行减法运算。设 p 和 q 指向同一数组,则 p－q 的绝对值表示 p 所指对象与 q 所指对象之间的元素个数。其相减的结果遵守对象类型的字节长度进行缩小的规则。

7.6.4　指针和数组

指针和数组有着密切的关系,任何能由数组下标完成的操作也都可用指针来实现,但程序中使用指针可使代码更紧凑、更灵活。

定义一个整型数组和一个指向整型的指针变量:

int a[10], * p;

和前面介绍过的方法相同,可以使整型指针 p 指向数组中的任何一个元素,假定给出赋值运算:

p = &a[0];

此时,p 指向数组中的第 0 号元素,即 a[0],指针变量 p 中包含了数组元素 a[0] 的地址,由于数组元素在内存中是连续存放的,因此,就可以通过指针变量 p 及其有关运算间接访问数组中的任何一个元素。

C51 中,数组名是数组的第 0 号元素的地址,因此下面两个语句是等价的:

p = &a[0];

p = a;

根据地址运算规则,a+1 为 a[1] 的地址,a+i 就为 a[i] 的地址。

下面用指针给出数组元素的地址和内容的几种表示形式:

① p+i 和 a+i 均表示 a[i] 的地址,即它们均指向数组第 i 号元素,即指向 a[i]。

② *(p+i) 和 *(a+i) 都表示 p+i 和 a+i 所指对象的内容,即为 a[i]。

③ 指向数组元素的指针,也可以表示成数组的形式,即它允许指针变量带下标,如 p[i] 与 *(p+i) 等价。若"p=a+5;",则 p[2] 就相当于 *(p+2),由于 p 指向 a[5],所以 p[2] 就相当于 a[7]。而 p[-3] 就相当于 *(p-3),它表示 a[2]。

7.6.5　字符指针

在程序中如出现字符串常量,C51 编译程序就给字符串常量安排一个存储区域,这个区域是静态的,在整个程序运行的过程中始终占用。

字符串常量的长度是指该字符串的字符个数,但在安排存储区域时,C 编译程序还自动给该字符串序列的末尾加上一个空字符'\0',用来标志字符串的结束。因此一个字符串常量所占的存储区域的字节数总比它的字符个数多一个字节。C51 中操作一个字符串常量的方法如下。

① 把字符串常量存放在一个字符数组之中,例如:

char s[] = "a string";

数组 s 共有 9 个元素,其中 s[8] 中的值是'\0'。实际上,在字符数组定义的过程中,编译程序直接把字符串复制到数组中,即对数组 s 初始化。

② 用字符指针指向字符串,然后通过字符指针来访问字符串存储区域。当字符串常量在表达式中出现时,根据数组的类型转换规则,它被转换成字符指针。因此,若我们定义了一字符指针 cp:

char * cp;

于是可用:cp = "a string";

使 cp 指向字符串常量中的第 0 号字符 a,如图 7.5 所示。

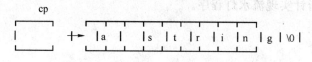

图 7.5　指针指向字符串

以后可通过 cp 来访问这一存储区域,如 *cp 或 cp[0] 就是字符 a,而 cp[i] 或 *(cp+i) 就相当于字符串的第 i 个字符,但企图通过指针来修改字符串常量的行为是没有意义的。

7.6.6 指针数组

指针数组的定义格式为:类型标识 * 数组名[整型常量表达式];

例如:int * a[10];

指针数组和一般数组一样,允许指针数组在定义时初始化。指针数组的每个元素是指针变量,它只能存放地址。所以对指向字符串的指针数组在说明赋初值时,是把存放字符串的首地址赋给指针数组的对应元素。

7.7 总 结

(1)如果定义 uchar sp,则 sp 为字符型变量;如果定义 uchar * sp,则 sp 为指向字符型数据的指针。

(2)如果定义 uchar a,b,c,d; uchar * sp 且指针如图7.6所示,sp 指向 30H,那么:a= * sp=8;b= * sp+1=9;c= * sp++;

执行结果:c=8,指针指向 31H 地址。

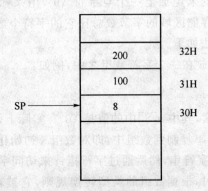

图7.6 SP指针图

习 题

用数组和指针实现流水灯程序。

第8课

8051 内部资源编程——
I/O 端口的应用

第 8～11 课主要介绍 8051 单片机的内部资源的结构及使用方法。主要内容有并行输入/输出(I/O)口的结构及功能,定时/计数器结构、工作原理及使用,中断的概念、中断系统的结构与中断响应过程及相关程序设计,串行口的结构、工作方式与控制等。

8.1 I/O 端口

MCS-51 单片机有 4 个双向并行的 8 位 I/O 口 P0～P3,P0 口为三态双向口,可驱动 8 个 TTL 电路,P1、P2、P3 口为准双向口(作为输入时,口线被拉成高电平,故称为准双向口),其负载能力为 4 个 TTL 电路。

8.1.1 P0 口的结构

由图 8.1 可以看出,P0 口的作用,既可作普通 I/O 口,又用来作地址/数据总线,分时复用。

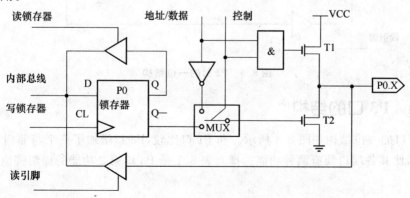

图 8.1 P0 口的一位结构图

8.1.2 P1 口的结构

P1 端口是单片机中唯一仅有单功能的 I/O 端口,输出信号锁存在端口上,故又称为通用静态端口,如图 8.2 所示。

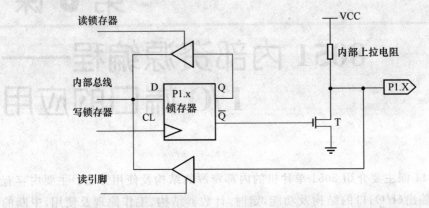

图 8.2 P1 口的一位结构

8.1.3 P2 口的结构

与 P1 口比较,P2 口多了转换控制部分。P2 口除了可以作普通 I/O 口使用,还可以作为地址总线的高 8 位,如图 8.3 所示。

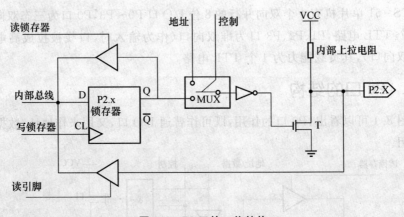

图 8.3 P2 口的一位结构

8.1.4 P3 口的结构

P3 口的一位结构如图 8.4 所示。和 P1 口比较,P3 口增加了一个与非门和一个缓冲器,使其各端口线有两种功能选择。表 8.1 是 P3 口第 2 功能的详细脚位分布。

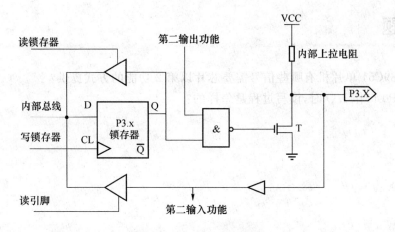

图 8.4　P3 口的一位结构

表 8.1　P3 口第 2 功能

位段	引脚	第 2 功能
P3.0	10	RXD(串行输入口)
P3.1	11	TXD(串行输出口)
P3.2	12	INT0(外部中断 0)
P3.3	13	INT1(外部中断 1)
P3.4	14	T0(定时器 0 的计数输入)
P3.5	15	T1(定时器 1 的计数输入)
P3.6	16	WR(外部数据存储器写脉冲)
P3.7	17	RD(外部数据存储器读脉冲)

8.2　I/O 口应用总结

（1）读 I/O 口之前,要先把 I/O 口置为高电平,然后再读。例如:读 P0 口的数据,程序如下,

```
P0 = 0xff;
a = P0;
```

（2）写 I/O 口时,只要把数据放入 P1(或其他 I/O 口寄存器)即可,例如之前的跑马灯程序。

（3）P0、P1、P2、P3 读写 I/O 口的用法完全一样。

（4）P0 口用来驱动要接上拉电阻,作为信号线则不需要上拉。

（5）对于 P3 口的第 2 功能,只要设置一下与其相关的特殊功能寄存器就可以自动切换到第 2 功能了。

习　题

1. 89C51 单片机有哪些信号需要芯片以第 2 功能的方式提供？
2. P0 口作 I/O 时，读写过程是怎样的？

第9课

8051 内部资源编程——定时器

9.1 计数的概念

大家想一下,现实生活中关于定时和计数的应用。生活中计数的例子处处可见。例:选票统计时画"正"计数、录音机上的计数器、家里面用的电度表、汽车上的里程表等,这些都是计数的应用。再举一个工业生产中的例子,线缆行业在电线生产出来之后要测量长度,怎么测法呢?用尺量?不现实,太长不说,要一边做一边量,怎么办呢?行业中有很巧妙的方法,用一个周长是 1 m 的轮子,将电缆绕在上面一周,由线带轮转,这样轮转一周不就是线长 1 m 嘛,所以只要记下轮转了多少圈,就可以知道走过的线有多长了。

9.1.1 计数器的容量

从一个生活中的例子看起:一个水盆在水龙头下,水龙头没关紧,水一滴滴地滴入盆中。水滴不断落下,盆的容量是有限的,过一段时间之后,水就会逐渐变满。录音机上的计数器最多只计到 999…。那么单片机中的计数器有多大的容量呢?8031单片机中有两个计数器,分别称之为 T0 和 T1,这两个计数器分别是由两个 8 位的RAM 单元(THx、TLx)组成的,即每个计数器都是 16 位的计数器,最大的计数量是65 536。

9.1.2 定时的概念

8031 中的计数器除了可以作为计数之用外,还可以用作定时器。定时器的用途当然很大,如打铃器,电视机定时关机,空调定时开关等。那么计数器是如何作为定时器来用的呢?举个最简单的例子,一个闹钟,将它定时在 1 个小时后闹响,换言之,也可以说是秒针走了 3 600 次,所以时间就转化为秒针走的次数,也就是计数的次数了,可见,计数的次数和时间之间的确十分相关。那么它们的关系是什么呢?那就是秒针每一次走动的时间正好是 1 s。

结论:只要计数脉冲的间隔相等,则计数值就代表了时间的流逝。由此,单片机中的定时器和计数器是一个含义,只不过计数器是记录外界发生的事情(图 9.1 中的 T1 引脚),而定时器则是由单片机提供一个非常稳定的计数源(图 9.1 中振荡器 12 分频后的结果)。那么提供给定时器的是计数源是什么呢? 如图 9.1 所示,原来就是由单片机的晶振经过 12 分频后获得的一个脉冲源。晶振的频率当然很准,所以这个计数脉冲的时间间隔也很准。问:一个 12 MHz 的晶振,它提供给计数器的脉冲时间间隔是多少呢? 当然这很容易,就是 12 MHz/12 等于 1 MHz,也就是 1 个 μs。结论:计数脉冲的间隔与晶振有关,对于 12 MHz 的晶振,计数脉冲的间隔是 1 μs,即一个机器周期。

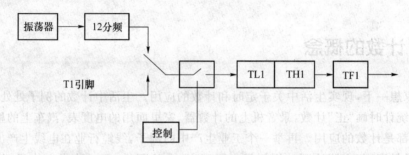

图 9.1　定时/计数器 T1 的原理方框图

9.1.3　任意计数及溢出

再来看水滴的例子,当水不断落下,盆中的水不断变满,最终有一滴水使得盆中的水满了。这时如果再有一滴水落下,会发生什么现象呢? 水会漫出来,用个术语来讲就是"溢出"。水溢出是流到地上,而计数器溢出后将使得 TFx 变为"1"(TFx 为定时器溢出标志,x 取值为 0,1)。一旦 TFx 由 0 变成 1,就是产生了变化,产生了变化就会引发事件,就像定时的时间一到,闹钟就会响一样。至于会引发什么事件,将在本书的后续章节再介绍,现在研究另一个问题:要有多少个计数脉冲才会使 TFx 由 0 变为 1。

刚才已研究过,计数器的容量是 16 位,也就是最大的计数值到 65 536,因此计数到 65 536 就会产生溢出。这个没有问题,问题是我们现实生活中,经常会有少于 65 536 个计数值的要求,如包装线上,一打为 12 瓶,一瓶药片为 100 粒,怎么样来满足这个要求呢? 这就是本书要介绍的任意定时及计数的方法。

提示:如果是一个空的盆要 1 万滴水滴进去才会满,在开始滴水之前就先放入一勺水,还需要 10 000 滴嘛? 对了,采用预置数的方法,要计 100,那就先放进 65 436,再来 100 个脉冲,不就到了 65 536 了吗。定时也是如此,每个脉冲是 1 μs,则计满

65 536个脉冲需时 65. 536 ms, 但现在只要 10 ms 就可以了, 怎么办? 10 个 ms 为 10 000 个 μs, 所以, 只要在计数器里面放进 55 536 就可以了。

定时/计数器简称定时器, 8051 系列单片机有 2 个 16 位的定时/计数器: 定时器 0(T0)和定时器 1(T1)。8052 系列单片机增加了一个定时器 T2。它们都有定时或事件计数的功能, 可用于定时控制、延时、对外部事件计数和检测等场合。

9.2　定时/计数器的工作原理及控制

T0 由 2 个特殊功能寄存器 TH0 和 TL0 构成, T1 则由 TH1 和 TL1 构成, 如图 9.1 所示。

作定时器时, 8031 片内振荡器输出经 12 分频后的脉冲, 即每个机器周期使定时器(T0 或 T1)的寄存器自动加 1 直至计满溢出。所以定时的分辨率是时钟振荡频率的 1/12。

作计数器时, 通过引脚 T0(P3.4)和 T1(P3.5)对外部脉冲信号计数, 当输入脉冲信号从 1 到 0 的负跳变时, 计数器就自动加 1。计数的最高频率一般为振荡频率的 1/24。

不论是定时或是计数工作方式, 定时器 T0 或 T1 都不占用 CPU 时间, 除非定时/计数器溢出, 才可能中断 CPU 的当前操作。由此可见, 定时器是单片机中效率高而且工作灵活的部件。

9.2.1　控制计数/定时器常用的寄存器

在单片机中有两个特殊功能寄存器与定时/计数器有关, 这就是 TMOD 和 TCON。

(1)定时器模式寄存器 TMOD 中各位的说明, 如图 9.2 所示。

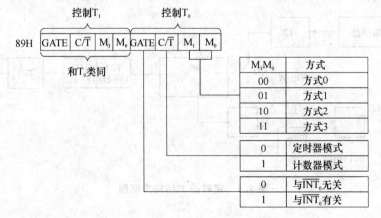

图 9.2　TMOD 定时器工作模式控制寄存器

从图 9.2 中可以看出，TMOD 被分成两部分，每部分 4 位，分别用于控制 T1 和 T0。

（2）定时器控制寄存器 TCON 中各位的说明，如图 9.3 所示。TCON 也被分成两部分，高 4 位用于定时/计数器，低 4 位则用于中断（现在暂不管）。

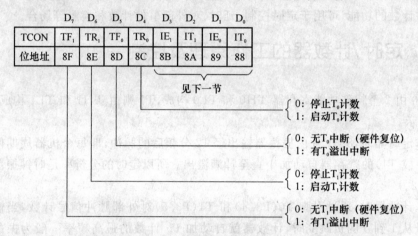

图 9.3　TCON 定时器控制寄存器

结合图 9.4 可以看出，计数脉冲要进入计数器还真不容易，有层层关要通过，最基本的就是 TR0(1)要为 1，开关才能合上，脉冲才能过来。因此，TR0(1)称为运行控制位，可用指令 SETB 来置位以启动计数/定时器运行，用指令 CLR 来关闭定时/计数器的工作。其中，当 GATE＝1，在此种情况下，计数脉冲通路上的开关不仅要由 TR1 来控制，而且还要受到 INT1 引脚的控制，只有 TR1 为 1，且 INT1 引脚也是高电平，开关才合上，计数脉冲才得以通过。通常，我们将 GATE 置为 0，即只通过 TR1 位来控制定时器是否工作。注意：图 9.4 中是以定时器 T1 为例，定时器 T0 与 T1 完全一样。

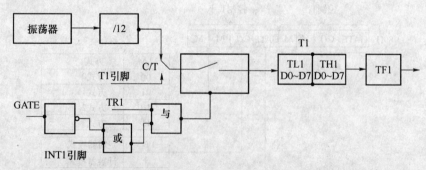

图 9.4　定时器 1 结构方框图

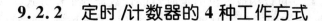

9.2.2　定时/计数器的 4 种工作方式

1. 工作方式 0

定时/计数器的工作方式 0 称为 13 位定时/计数方式。它由 TL(1/0) 的低 5 位和 TH(0/1) 的 8 位构成 13 位的计数器,为什么在工作方式 0 这种模式只用 13 位呢? 为什么不用 16 位,这是为了和 48 系列兼容而设的一种工作式,如果读者觉得用得不顺手,那就干脆用第 2 种工作方式。

2. 工作方式 1

工作方式 1 是 16 位的定时/计数方式,将 M1M0 设为 01 即可,其他特性与工作方式 0 相同。这是最常用的一种工作方式。

3. 工作方式 2

在介绍这种方式之前先思考一个问题:上一次课提到过任意计数及任意定时的问题,比如要计 1 000 个数,可是 16 位的计数器要计到 65 536 才满,怎么办呢? 办法是用预置数,先在计数器里放上 64 536,再来 1 000 个脉冲,不就行了吗? 是的,但是计满了之后又该怎么办呢? 要知道,计数总是不断重复的,流水线上计满后马上又要开始下一次计数,下一次的计数还是 1 000 吗? 当计满并溢出后,计数器里面的值变成了 0(为什么? 可以参考前面课程的说明),因此下一次将要计满 65 536 后才会溢出,这可不符合要求,怎么办? 当然办法很简单,就是每次一溢出时执行一段程序(这通常是需要的,要不然要溢出干嘛?)可以在这段程序中把预置数 64 536 送入计数器中。所以采用工作方式 0 或 1 都要在溢出后做一个重置预置数的工作,做工作当然就得要时间,一般来说这点时间不算什么,可是有一些场合还是要计较的,所以就有了第 3 种工作方式,自动再装入预置数的工作方式。

既然要自动装入预置数,那么预置数就得放在一个地方,要不然装什么呢? 那么预置数放在什么地方呢? 它放在 T(0/1) 的高 8 位,那么这样高 8 位不就不能参与计数了吗? 是的,在工作方式 2,只有低 8 位参与计数,而高 8 位不参与计数,用作预置数的存放,这样计数范围就小多了,当然做任何事总有代价的,关键是看值不值,如果根本不需要计那么多数,那么就可以用这种方式。每当计数溢出,就会打开 T(0/1) 的高、低 8 位之间的开关,计数器的预置数进入低 8 位。这是由硬件自动完成的,不需要由人工干预。通常这种工作方式用于波特率发生器(我们将在串行接口中讲解),用于这种用途时,定时器就是为了提供一个时间基准。计数溢出后不需要做事情,要做的仅仅只有一件,就是重新装入预置数,再开始计数,而且中间不要任何延迟,可见这个任务用工作方式 2 来完成是最妙不过了。

4. 工作方式 3

由于定时器 T1 无操作模式 3。这种工作方式之下,定时/计数器 0 被拆成 2 个

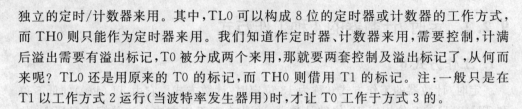

独立的定时/计数器来用。其中，TL0 可以构成 8 位的定时器或计数器的工作方式，而 TH0 则只能作为定时器来用。我们知道作定时器、计数器来用，需要控制，计满后溢出需要有溢出标记，T0 被分成两个来用，那就要两套控制及溢出标记了，从何而来呢？TL0 还是用原来的 T0 的标记，而 TH0 则借用 T1 的标记。注：一般只是在 T1 以工作方式 2 运行(当波特率发生器用)时，才让 T0 工作于方式 3 的。

9.2.3 定时/计数器的定时/计数范围

工作方式 0：13 位定时/计数方式，因此，最多可以计到 2^{13}，也就是 8 192 次。
工作方式 1：16 位定时/计数方式，因此，最多可以计到 2^{16}，也就是 65 536 次。
工作方式 2 和工作方式 3，都是 8 位的定时/计数方式，因此最多可以计到 2^8，即 256 次。

预置数的计算：用最大计数量减去需要的计数次数即可。

例：流水线上一个包装是 12 盒，要求每到 12 盒就产生一个动作，用单片机的工作方式 0 来控制，应当预置多大的值呢？对了，就是 8 192－12＝8 180。

以上是计数，明白了这个道理，定时也是一样。这在前面的课程已提到，这里不再重复，请参考前面的例子。

9.3 定时/计数器的使用

9.3.1 计数初值的计算

定时/计数器工作时必须给计数器设置计数器初值，这个计数器初值是送到 TH(TH0/TH1)和 TL(TL0/TL1)中的时间常数。把计数器计满为零所需的计数值(或脉冲个数)设定为 C，计数初值设定为 TC，由此便可得到如下的计算公式：TC＝M－C。

其中，M 为计数器模值，该值和计数器工作方式有关。在方式 0 时 M 为 8 192；在方式 1 时 M 为 65 536；在方式 2 和方式 3 时 M 为 256。

应用实例：若单片机时钟频率为 12 MHz，计算定时 2 ms 所需的定时器初值。

解：由于定时器工作在方式 2 和方式 3 下时的最大定时时间只有 0.256 ms，因此要想获得 2 ms 的定时时间定时器必须工作在方式 0 或方式 1。

$$T 计数源＝12/12 MHz＝1 \mu s$$

则定时所需脉冲个数为 2 ms/1μs＝2 000 个。

若采用方式 1，则定时器的初值为：

$$TC＝65 536－2 000 ＝ 63 536 ＝ F830H$$

即：TH0 应装 F8H；TL0 应装 30H。

9.3.2 程序初始化步骤

在使用 8051 的定时/计数器前，应对它进行初始化编程，主要是对 TCON 和

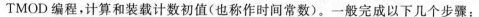

TMOD 编程,计算和装载计数初值(也称作时间常数)。一般完成以下几个步骤:

① 设置工作方式:确定 T/C 的工作方式——编程 TMOD 寄存器;

② 装预置数:计算 T/C 中的计数初值,并装载到 THx 和 TLx;

③ 开定时器:启动定时/计数器——编程 TCON 中 TRl 或 TR0 位。

结果:判断 TF(1/0)是否等于 1,从而判断定时器是否溢出。溢出,执行相应的处理程序;没有溢出,继续查询 TF(1/0)。

9.3.3　应用实例——用定时的方式实现闪灯程序

```
#include<reg51.h>
sbit P1_0 = P1^0;
main(void)
{
    TMOD = 0X01;              //设置 TMOD
    TH0 = 0X3c;               //装预置数
    TL0 = 0Xb0;
    TR0 = 1;                  //开定时器 0
    TF0 = 0;
    while(1)
    {
        if(TF0)
        {
            P1_0 = ! P1_0;    //灯取反
            TF0 = 0;
            TH0 = 0X3c;       //装预置数
            TL0 = 0Xb0;
        }
    }
}
```

9.4　总　结

定时/计数器可以作定时器使用,也可以作计数器使用,它的 4 种方式(M1,M0):13 位方式,为兼容 48 系列而设的一种工作式;16 位方式最多可以记 65 536 次,工作方式 2 和工作方式 3,都是 8 位的定时/计数方式,因此最多可以计到 2^8,即 256 次。

习　题

1. 用定时的方式让一个灯亮 1 s 灭 1 s。

2. 用定时器方式写出 1 s 流水灯程序。

第 10 课

8051 内部资源编程——中断

10.1　有关中断的概念

　　什么是中断,我们从一个生活中的例子引入。你正在家中看书,突然电话铃响了,你放下书本,去接电话,和来电话的人交谈,然后放下电话,回来继续看你的书。这就是生活中的"中断"的现象,就是正常的工作过程被外部的事件打断了。仔细研究一下生活中的中断,对于学习单片机的中断很有好处。

　　对于 8051 单片机来说,当 CPU 正在处理某件事情时,外部发生了某一事件(如定时/计数器溢出,被监视电平突变等)请求 CPU 迅速去处理,于是 CPU 暂时中断当前的工作,转去处理所发生的事件;中断服务处理完成后,再回到原来被中断的地方,继续原来的工作。这一过程称为中断,如图 10.1 所示。

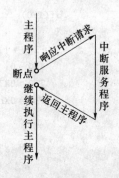

图 10.1　中断流程图

　　把可以引起中断的称之为中断源,单片机中也有一些可以引起中断的事件,8051 中一共有 5 个:两个外部中断,两个计数/定时器中断,一个串行口中断。

10.1.1　中断的嵌套与优先级处理

　　设想一下,我们正在看书,电话铃响了,同时又有人按了门铃,你该先做那样呢?如果你正在等一个很重要的电话,你一般不会去理会门铃的,而反之,你正在等一位重要的客人,则可能就不会去理会电话了。如果不是这两者(即不等电话,也不是等人上门),你可能会按你通常的习惯去处理。总之这里存在一个优先级的问题,单片机中也是如此,也有优先级的问题。优先级的问题不仅仅发生在两个中断同时产生的情况,也发生在一个中断已产生,又有一个中断产生的情况,比如你正接电话,有人按门铃的情况,或你正开门与人交谈,又有电话响了的情况,考虑一下要怎么办呢?

10.1.2　中断的响应过程

当在看书时有事件产生,进入中断之前我们必须先记住现在看到书的第几页了,或拿一个书签放在当前页的位置,然后去处理不同的事情(因为处理完了,我们还要回来继续看书):电话铃响我们要到放电话的地方去,门铃响我们要到门那边去,即对于不同的中断,我们要在不同的地点处理,而这个地点通常还是固定的。单片机中也是采用的这种方法,5 个中断源,每个中断产生后都到一个固定的地方去找处理这个中断的程序,当然在去之前首先要保存下面将执行的指令的地址,以便处理完中断后回到原来的地方继续往下执行程序。

具体地说,中断响应可以分为以下几个步骤:

① 保护断点。即保存下一将要执行的指令的地址,就是把这个地址送入堆栈。

② 寻找中断入口。根据 5 个不同的中断源所产生的中断,查找 5 个不同的入口地址(见表 10.4)。以上工作是由单片机自动完成的,与编程者无关。

③ 执行中断处理程序。发生中断后,执行中断处理程序。中断处理程序就是编程者写的程序。

④ 中断返回:执行完中断处理程序后,就从中断处返回到主程序,继续执行主程序。

10.2　8051 的中断系统

8051 的中断系统:能处理中断的功能部件称为中断系统,能产生中断请求的源称为中断源。

8051 单片机中断系统的基本特点是:有 5 个固定的中断源,3 个在片内,2 个在片外。5 个中断源有两级中断优先级,可形成中断嵌套;2 个特殊功能寄存器用于中断控制的编程。对于 8052 单片机来说,多了一个中断源定时器 T2。MCS - 8051 中断系统的结构,如图 10.2 所示。

10.2.1　8051 的中断源

1. 两个外部中断源

即外部中断 0 和 1,名称为 INT0 和 INT1(即 P3.2 和 P3.3 这两个引脚的第 2 功能)。这两个外部中断源和它们的触发方式控制位锁存在特殊功能寄存器 TCON 的低 4 位,见表 10.1。

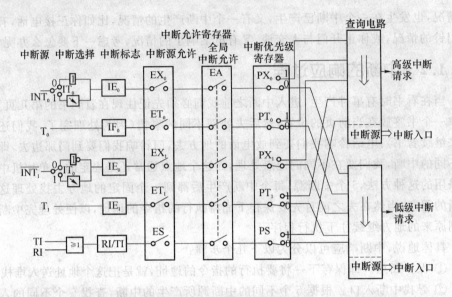

图 10.2 中断系统结构图

表 10.1 TCON 定时/计数器控制寄存器

用于定时计数器				用于中断			
Bit7	Bit6	Bit5	Bit4	Bit3	Bit2	Bit1	Bit0
TF1	TR1	TF0	TR0	IE1	IT1	IE0	IT0

> ➤ IT0：INT0 触发方式控制位，可由软件进行置位和复位。IT0＝0，INT0 为低电平触发方式；IT0＝1，INT0 为负跳变触发方式。这两种方式的差异将在以后的课程中讲解。
> ➤ IE0：INT0 中断请求标志位。当有外部的中断请求时，该位就会置 1（这由硬件来完成），在 CPU 响应中断后，由硬件将 IE0 清 0。

IT1 和 IE1 的用途与 IT0 和 IE0 相同。

2. 内部定时/计数器中断

(1) T0：定时/计数器 0 中断，由 T0 回零溢出（TF0＝1）引起。

(2) T1：定时/计数器 1 中断，由 T1 回零溢出（TF1＝1）引起。

定时器中断的控制位锁存在特殊功能寄存器 TCON 中的高 4 位，见表 10.1。

TF0：定时器 T0 溢出标志位，当定时器溢出时，该位就会置 1（由硬件来完成），在 CPU 响应中断后，该位由硬件自动清 0。TF1 的工作原理与 TF0 相同。

3. 内部串口中断

TI/RI：串行 I/O 中断，串行端口完成一帧字符发送/接收后引起。

串口通信中断源的控制位分别锁存在特殊功能寄存器 SCON 中，见表 10.2。在后面一课，我们将进行详细讲解。

表 10.2 串行口控制寄存器 SCON

位	D7	D6	D5	D4	D3	D2	D1	D0
位符号	SM0	SM1	SM2	REN	TB8	RB8	T1	R1
位地址	9F	9E	9D	9C	9B	9A	99	98

10.2.2 控制中断的几个寄存器

1. 中断允许寄存器 IE(A8H)

中断允许寄存器 IE(A8H)如图 10.3 所示。

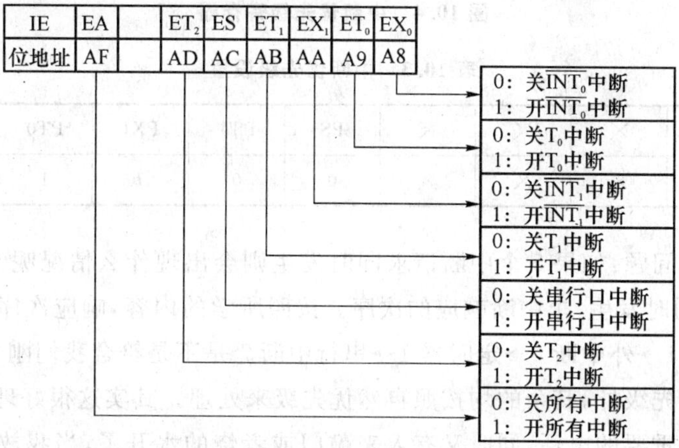

图 10.3 中断允许寄存器

2. 中断优先寄存器 IP(B8H)

IP 在特殊功能寄存器中，字节地址为 B8H，位地址(由低位到高位)分别是 B8H～BFH，IP 用来锁存各中断源优先级的控制位，即设定中断源属于两级中断中的哪一级(用户可用软件设定)，如图 10.4 所示。

中断优先级的响应：系统复位后，IP 低 5 位全部清零，并将所有中断源设置为低优先级中断。如果几个同优先级的中断源同时向 CPU 申请中断，哪一个申请得到服务，取决于它们在 CPU 内部登记排队的序号。CPU 通过内部硬件查询登记序号，按自然优先级响应各个中断请求。其内部登记序号由硬件形成，先后顺序是：INT0→T0→INT1→T1→RI/TI。这是自然优先级响应的顺序。

例如：现在有如下要求，将 T0 和 INT1 设为高优先级，其他为低优先级，求 IP 的值。IP 的高 3 位没用，可任意取值，设为 000，后面根据要求写：00000110，即 IP＝06H，如表 10.3 所列。

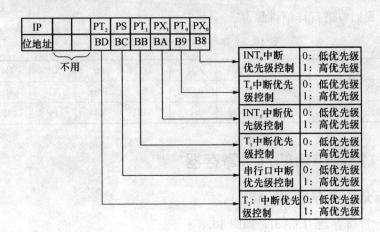

图 10.4   中断优先级寄存器

表 10.3   中断优先级设置

控制位	×	×	×	PS	PT1	PX1	PT0	PX0
设定值	×	×	×	0	0	1	1	0

这里有个问题:如果 5 个中断请求同时发生则会出现什么情况呢？比如在上例中,5 个中断同时发生,求中断响应的次序。按照所学的内容,响应次序应该为:定时器 0→外中断 1→外中断 0→定时器 1→串行中断。是不是符合我们刚才说的除了人工设置的高优先级外,其余的均按照自然优先级来处理。其实这很好理解,如果我在家等待一个很重要的电话,同时又有人来敲门或者烧的水开了,当我放下电话后,还是会按照一般的习惯去处理其他的事情(比如先开门让客人进来,再去处理烧开的水)。单片机没有意识,所以要给它设置不同的优先级。单片机优先执行高优先级的中断,对于同等优先级的中断则按照自然优先级的顺序执行。

10.2.3   中断源序号及中断入口地址

中断得到响应后,自动清除中断请求标志(注意:串行口中断请求标志,需要用软件清除),由硬件自动将程序计数器 PC 内容(断点地址)压入堆栈保护,然后将对应的中断矢量装入程序计数器 PC,使程序转向该中断矢量地址单元中执行相应的中断服务程序。各个中断源在程序存储器中的中断入口地址及序号如表 10.4 所列。

表 10.4　8051 中断源

中断序号 n	中断源	入口地址	自然优先级
0	外部中断 0	0003H	
1	定时器 0 溢出	000BH	高
2	外部中断 1	0013H	↓
3	定时器 1 溢出	0001BH	
4	串行口	0023H	低

10.3　C51 中断程序设计

10.3.1　C51 编译器支持在 C 源程序中直接嵌入中断服务程序

C51 提供的中断函数定义语法如下：

返回值类型　　函数名　　　　interrupt　n　　　　　//n 对应中断源的编号,Keil

//C51 支持最大值为 31

例如：void　timer0(void)　interrupt　1　　//定时器 0 的中断号为 1

{

……;　//中断服务程序

}

Keil C51 编译器用特定的编译器指令分配寄存器组。当前工作寄存器由 PSW 中的 RS1 和 RS0 两位设置用 using 指定,"using"后的变量为一个 0～3 的整数。"u-sing"只允许用于中断函数,它在中断函数入口处将当前寄存器组保留,并在中断程序中使用指定的寄存器组,在函数退出前恢复原寄存器组。

中断函数的完整语法如下：

返回值 函数名([参数])　[模式]　[重入]　interrupt n　[using m];

m、n 为正整数,不允许使用表达式。n 的取值范围 0～31,对应该中断源的编号。

通常对普通 8052 系列单片机来说,外部中断 0、定时器 0、外部中断 1、定时器 1、串口、定时器 2 的中断源编号依次为 0、1、2、3、4、5。m 的取值范围 0～5。

using m 为工作寄存器组的选择。如 m 为 0 则代表选择工作寄存器组 0 组。一般不用。

例如：

void serial_service interrupt 4 using 2

{

```
    ……;
}
```

10.3.2 C51 中断服务程序的注意事项

① 若要在执行当前中断程序时禁止更高优先级中断,可先用软件关闭 CPU 对中断的响应,在中断返回前再开放中断。

② 注意外部电平触发的中断不锁存。若在外部电平出现时被中断屏蔽,而在中断识别之前电平消失,它被完全忽略——中断处理本身不能锁存外部电平请求。

③ 外部中断 0、1 及定时器 0、1 的中断申请标志在 CPU 响应中断后会自动清 0,但串行口中断标志 TI/RI 及定时器 2 的中断申请标志 TF2 不会自动清 0,必须在中断服务程序中用软件清 0,否则会立即产生重复中断,程序会陷入死循环。对于串口中断,通常要判别是 RI 或 TI 中断。

④ 为提高中断响应的实时性,中断服务程序应尽量简短,并避免使用复杂变量类型及复杂算术运算。通常在中断服务程序中使用一些标志,由主程序或相应背景程序根据对应的标志作相应的处理。

10.3.3 中断程序步骤

定时中断:4+1(4 个条件、1 个结果)

条件:要用单片机定时器中断实现延时需要有 4 个:

(1) 设置 TMOD。

(2) 装预置数。

(3) 开定时器。

(4) 开中断(开总中断、开定时器中断)。

结果:当 TF(0/1)=1 时,则产生中断,程序自动跳转到中断处理程序的函数中去。

10.3.4 中断程序范例

例:对定时器 0 采用中断方式编程的方法,实现闪灯程序。C51 源程序如下:

```
#include<reg51.h>
#define uchar   unsigned char
#define uint    unsigned int
sbit P1_0 = P1^0;
//************************************************************
void timer0(void) interrupt 1   //定时器 0 中断服务程序
    {
        TH0 = 0x3c;
        TL0 = 0xb0;            //装入时间常数
```

```
        P1_0 = ! P1_0;        //P1.1 取反
    }
// ******************************************************
void main(void)
    {
        TMOD = 0x01;          //设置:定时器 0 方式 1
        TH0 = 0x3c;
        TL0 = 0xb0;           //装预置数:装入时间常数
        EA = 1;               //开中断:开全局中断
        ET0 = 1;              //开定时器 0 中断
        TR0 = 1;              //开定时器:启动定时器
        TF0 = 0;

        while(1) ;            //主程序死循环,空等待
    }
```

10.4　总　结

本课介绍了中断,8051 有 5 个固定的中断源,3 个在片内,2 个在片外。8052 则多一个中断源定时器 T2。还介绍了中断的响应过程。中断一般遵循自然优先级 INT0→T0→INT1→T1→RI/TI。

习　题

1. 用中断的方式让一个灯亮 1 s 灭 1 s。
2. 用定中断方式写出 1 s 流水灯程序。

第 11 课

8051 内部资源编程——通信

11.1   串行通信的基本概念

单片机与外界的信息交换称为通信。通信的基本方式分为并行和串行通信两种,如图 11.1 和图 11.2 所示。

> 并行通信:数据的各位同时发送或接收。其特点是传送速度快,但若距离较远、位数又多则会导致通信线路复杂且成本高。

> 串行通信:数据一位一位顺序发送或接收。其特点是通信线路简单,只要一对传输线就可以实现通信(如电话线),从而大大地降低了成本,特别适用于远距离通信;缺点是传送速度慢。串行通信又可分为异步传送和同步传送两种方式。

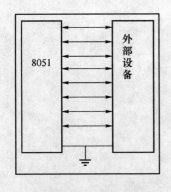

图 11.1   并行通信

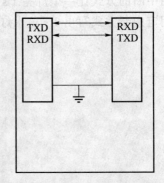

图 11.2   串行通信

11.1.1   异步传送

异步传送的特点是数据在线路上的传送不连续。传送时,数据是以一个字符为单位进行传送的。它用一个起始位表示字符的开始,用停止位表示字符的结束。

一个字符又称为一帧信息。一帧信息由起始位、数据位、奇偶校验位和停止位 4 个部分组成。起始位为 0 信号占 1 位;其后就是数据位(可以是 5 位、6 位、7 位或 8 位),传送时先低位,后高位;再后面是 1 位奇偶校验位(可以省略),最后是停止位,它用信号 1 来表示一帧信息的结束,可以是 1 位,1 位半或者是 2 位。

在串行异步通信中,CPU 与外设之间必须有两项约定,即字符格式和波特率。

> 字符格式的规定是双方能够在对同一种 0 和 1 的理解成同一种意义。原则上字符格式可以由通信的双方自由制定,但从通用、方便的角度出发,一般还是使用一些标准为好,如采用 ASCII 标准。

> 波特率即数据传送的速率,其定义是每秒钟传送的二进制数的位数。例如,数据传送的速率是 120 字符/s,而每个字符如上述规定包含 10 数位,则传送波特率为 1 200 波特。

11.1.2　同步传送

在同步传送中,每一个数据块开头处要用同步字符 SYN 指示,使发送与接收双方取得同步。数据块的各字符间取消了起始位和停止位,所以通信速度得以提高。同步通信时,如果发送的数据块之间有间隔时间,则发送同步字符填充。

11.1.3　串行通信的数据传送方向

1. 单工方式

在串行通信中,把通信接口只能发送或接收的单方向传送方法叫单工传送(如图 11.3 所示)。

2. 双工方式

把数据在甲乙两机之间的双向传递,称之为双工传送。在双工传送方式中又分为半双工传送和全双工传送。

(1) 半双工传送:指两机之间不能同时进行发送和接收,任意时刻,只能发或者只能收信息(如图 11.4 所示)。

(2) 全双工传送:指两机之间同一时刻可以互相发送和接收信息(如图 11.5 所示)。

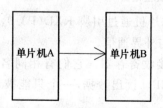

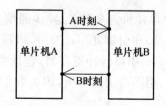

图 11.3　单工(只能 A 发送,B 接收)　　　图 11.4　半双工(A 时刻 A 到 B,B 时刻 B 到 A)

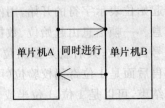

图 11.5 全双工(同一时刻 A 与 B 可互相收发数据)

11.2 8051 单片机的串口结构

8051 串口是一个可编程的全双工串行通信接口。它可用作异步通信方式(UART),与串行传送信息的外部设备相连接,或用于通过标准异步通信协议进行全双工的 8051 多机系统;也可以通过同步方式,使用 TTL 或 CMOS 移位寄存器来扩充 I/O 口。典型电路连接图如图 11.6 所示。

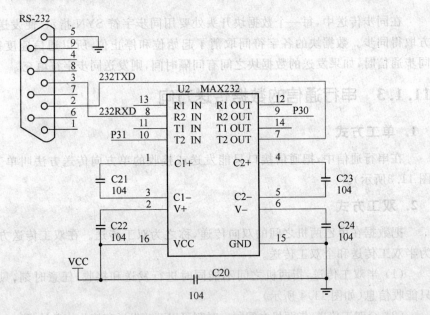

图 11.6 单片机与 PC 机通信典型电路

8051 单片机为全双工、异步通信方式。8051 单片机通过引脚 RXD(P3.0,串行数据接收端)和引脚 TXD(P3.1,串行数据发送端)与外界通信。

SBUF 是串口缓冲寄存器,包括发送寄存器和接收寄存器。它们有相同名字和地址空间,但不会出现冲突,因为它们一个只能被 CPU 读出数据,一个只能被 CPU 写入数据。

11.2.1　串行通行模块的设置

1. 串口控制寄存器 SCON

串口控制寄存器 SCON 如表 11.1 所列。

表 11.1　串口控制寄存器 SCON

位	D7	D6	D5	D4	D3	D2	D1	D0
位符号	SM0	SM1	SM2	REN	TB8	RB8	T1	R1
位地址	9F	9E	9D	9C	9B	9A	99	98

➤ SM0、SM1：控制串口的工作方式，共 4 种工作方式，如表 11.2 所列。

表 11.2　SM0、SM1：串口工作方式选择位

SM0、SM1	工作方式	功能描述	波特率
0 0	方式 0	8 位移位寄存器	$f_{osc}^{(1)}/12$
0 1	方式 1	10 位 UART	可变
1 0	方式 2	11 位 UART	$f_{osc}^{(1)}/64$ 或 $f_{osc}^{(1)}/32$
1 1	方式 3	11 位 UART	可变

注：(1) 其中 f_{osc} 为晶振频率。

➤ SM2：允许方式 2 和方式 3 进行多机通信控制位。

➤ REN：允许串行接收控制位。REN=1，允许接收数据。

➤ TB8：是工作在方式 2 和方式 3 时要发送的第 9 位数据，根据需要由软件置位和复位。

➤ RB8：是工作在方式 2 和方式 3 时接收到的第 9 位数据。

➤ TI：发送中断标志位。TI 置位既表示一帧信息发送结束，同时也可用于申请中断，必须由软件清零。

➤ RI：接收中断标志位。RI 置位表示一帧数据接收完毕，可用查询的方法获知或者用中断的方法获知，必须由软件清零。

2. 特殊功能寄存器 PCON

PCON 是为了在 CHMOS 的 80C51 单片机上实现电源控制而附加的，如表 11.3 所列。串口通信只用到了其中最高位。

表 11.3　特殊功能寄存器 PCON

位	D7	D6	D5	D4	D3	D2	D1	D0
位符号	SMOD	—	—	—	GF1	GF0	PD	IDL

SMOD:波特率倍增位。当 SMOD＝1 时,波特率加倍;当 SMOD＝0 时,波特率不加倍。其他位这里未用到。

11.2.2　波特率计算

波特率计算公式如表 11.4 所列。常用的波特率及计数器初值如表 11.5 所列。

表 11.4　波特率的计算

方　式	计算公式
0	$f_{osc}/12$
1	$K \times f_{osc}/[32 \times 12 \times (256 \cdot TH1)]$
2	$K \times f_{osc}/64$
3	$K \times f_{osc}/[32 \times 12 \times (256 \cdot TH1)]$

注:若 SMOD＝0,则 K＝1;若 SMOD＝1,则 K＝2。

表 11.5　常用的波特率及计数器初值

波特率/bps	f/MHz	SMOD	定时器		
			C/$\overline{T}$	方式	重新装入值
方式 0:1M	12	×	×	×	×
方式 2:375 k	12	1	×	×	×
方式 1、3:62.5 k	12	1	0	2	FFH
19.2 k	11.0592	1	0	2	FDH
9.6 k	11.0592	0	0	2	FDH
4.8 k	11.0592	0	0	2	FAH
2.4 k	11.0592	0	0	2	F4H
1.2 k	11.0592	0	0	2	E8H
110	6	0	0	2	72H
110	12	0	0	1	FEEBH

11.3　串口程序设计

11.3.1　串口设置步骤

在使用串口之前,应对它进行编程初始化,主要是设置产生波特串的定时器 1、串口控制和中断控制。具体步骤如下:

① 确定定时器 1 的工作方式——编程 TMOD 寄存器;

② 计算定时器 1 的初值——装载 TH1、TL1;

③ 启动定时器1——编程 TCON 中的 TR1 位；

④ 确定串口的控制——编程 SCON；

⑤ 若串口在中断方式工作时，须进行中断设置——编程 IE、IP 寄存器。

结果：判断 RI、TI 是否等于 1，从而判断是否接收到一个完整的数据，或是否把数据发送出去。

11.3.2　软件设计

实验实现：通过串口调试助手发送 1 个字符给单片机，单片机收到字符后再将该字符传给计算机。

```c
#include<reg51.h>
#define uchar  unsigned char
#define uint   unsigned int
unsigned char m;
// ==============================================================
void delay(unsigned int t)                 // 延时函数
{
  for(;t !=0;t--) ;
}
// ==============================================================
void  main()
{
    delay(1000);
    TMOD = 0x20;          //设置波特率
    TH1 = 0xfd;           //Baudrate = 9600;f4 ->1200
    TL1 = 0xfd;
    PCON = 0x00;
    SCON = 0x50;          //串行通信设置
    TR1 = 1;
    while(1)
    {
    while(! RI);          //接收到数据了吗
        RI = 0;           //是的
        m = SBUF;         //从串口接收缓冲器取出数据
        SBUF = m;         //将数据送到串口发送缓冲器
        while(! TI);      //等待数据发送完成
        TI = 0;
    }
  }
```

这个程序就是让单片机接收计算机发送过来的数据，然后再转发给计算机。那怎么样让计算机发送数据,怎么样才能看到计算机接收到的数据是不是单片机发的呢？这里就要通过一个串口调试软件来判断,软件界面如图 11.7 所示。

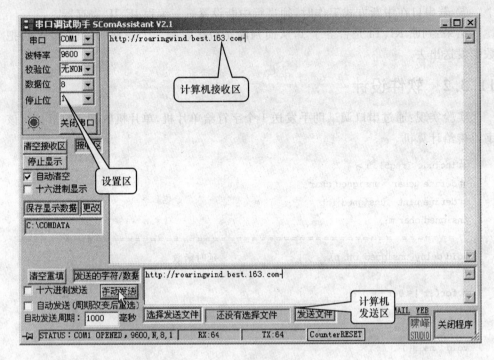

图 11.7　串口调试助手界面

11.4　总　结

（1）串口通信的数据帧格式：

开始位＋8 位数据＋奇偶校验位（可无）＋停止位

（2）串口的 4 种方式设定要读者掌握。

习　题

请读者把自己的小写英文名字发送给单片机,让单片机返回大写的名字。

第 12 课

人机界面接口技术
——数码管和矩阵键盘

12.1 数码管

在单片机系统中,通常用 LED 数码显示器来显示各种数字或符号。由于它具有显示清晰、亮度高、使用电压低、寿命长的特点,因此使用非常广泛。

由图 12.1 可知,数码管由 8 个发光二极管组成。基中 7 个长条形的发光管排列成"日"字形,另一个黑点形的发光管 dp 在显示器的右下角作为显示小数点用,它能显示各种数字及部分英文字母。数码管有两种不同的形式:一种是 8 个发光二极管的阳极都连在一起,称之为共阳极数码管;另一种是 8 个发光二极管的阴极都连在一起,称之为共阴极数码管,如图 12.1 所示。共阴和共阳结构的数码管各笔划段名和安排位置是相同的。当二极管导通时,相应的笔划段发亮,由发亮的笔划段组合显示各种字符。8 个笔划段(dp ABCDEFG)对应一个字节(8 位)的 D7 D6 D5 D4 D3 D2 D1 D0,于是用 8 位二进制码就可以表示要显示字符的字形代码。

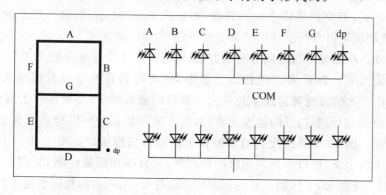

图 12.1　8 段 LED 显示器——数码管

例如,对于共阴极数码管,当公共阴极接地(为零电平),而阳极各段为 0111011 时,数码管显示"P"字符,即对于共阴极数码管,"P"字符的字形码是 73H。如果是共阳极数码管,公共阳极接高电平,显示"P"字符的字形代码应为 10001100(8CH)。

注意:很多产品为方便接线,常不按规则的方法去对应字段与位的关系,这时字形码就必须根据接线来自行设计了,表 12.1 为一般数码管的编码。

表 12.1　数码管的编码

显示字符	共阴极段选码	共阳极段选码	显示字符	共阴极段选码	共阳极段选码
0	3FH	C0H	C	39H	C6H
1	06H	F9H	D	5EH	A1H
2	5BH	A4H	E	79H	86H
3	4FH	B0H	F	71H	84H
4	66H	99H	P	73H	82H
5	6DH	92H	U	3EH	C1H
6	7DH	82H	r	31H	CEH
7	07H	F8H	y	6EH	91H
8	7FH	80H	8	FFH	00H
9	6FH	90H	"灭"	00H	FFH
A	77H	88H			⋮
B	7CH	83H			

12.1.1　动态扫描显示接口

动态扫描显示接口是单片机中应用最为广泛的一种显示方式。其接口电路是把所有数码管的 8 个笔划段 A～H 同名端连在一起,而每一个显示器的公共极 COM 是各自独立地受 I/O 线控制。CPU 向字段输出口送出字形码时,所有数码管接收到相同的字形码,但究竟是哪个数码管亮,则取决于 COM 端,而这一端是由 I/O 控制的,所以我们就可以自行决定何时显示哪一位了。

所谓动态扫描就是指采用分时的方法,轮流控制各个显示器的 COM 端,使各个数码管轮流点亮。在轮流点亮扫描过程中,每位数码管的点亮时间极为短暂(约 1 ms),但由于人的视觉暂留现象及发光二极管的余辉效应,尽管实际上各位显示器并非同时点亮,但只要扫描的速度足够快,给人的印象就是一组稳定的显示数据,不会有闪烁感。图 12.2 就是我们的实验板上的动态扫描接口。由于 89C51 的 P0 口能灌入较大的电流,所以采用共阳极的数码管,并且不用限流电阻,它们的公共端则由 PNP 型三极管 8550 控制。显然,如果 8550 导通,则相应的数码管就可以亮,而如果 8550 截止,则对应的数码管就不可能亮,8550 是由 P2.0～P2.7 控制的。这样就可以通过控制 P2.0～P2.7 达到控制每个数码管亮或灭的目的,具体实现方式见下一小节的介绍。动态扫描显示必须由 CPU 不断地调用显示程序,才能保证持续不断地显示,浪费了 CPU 的资源。不管做什么都要有代价的,想要节省 CPU 的资源,就要浪费硬件资源(采用硬件电路补偿)即我们所说的静态显示,这里就不做说明了。

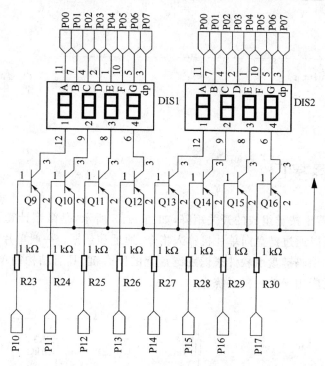

图 12.2　数码管动态显示电路

12.1.2　程序范例

```
# include <reg52.h>
# define uchar   unsigned char
# define uint    unsigned int
uchar   code shu[] = {0xc0,0xf9,0xa4,0xb0,0x99,0x92,//0~5
  0x82,0xf8,0x80,0x90,0xBf};//6~9, -
void delay(uint t);
// -------------------------------------------
main()
{
    int i;
    while(1)
    {
        for(i = 0;i<8;i++)
        {
```

```
          P1 = ~(01<<i);          //位码
          P0 = shu[i];            //段码
          delay(50);              //修改延时的数值,观察显示结果
        }
      }
    }
//------------------------------------------
void delay(uint t)
{
  for( ;t>0;t--);
}
```

12.2   键盘接口

键盘是由若干按键组成的开关矩阵,如图 12.3 所示,是微型计算机最常用的输入设备,用户可以通过键盘向单片机输入指令、地址和数据。一般单片机系统中采用非编码键盘,非编码键盘由软件来识别键盘上的闭合键,具有结构简单、使用灵活等特点,因此广泛应用于单片机系统。

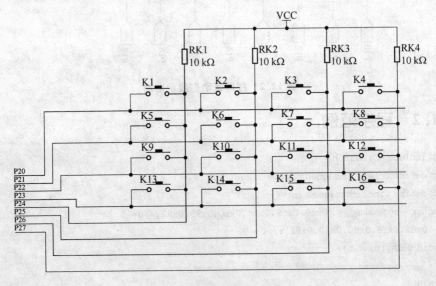

图 12.3   矩阵键盘典型电路

12.2.1   按键开关的抖动问题

组成键盘的按键有触点式和非触点式两种,单片机中应用的一般是由机械触点构成的。在图 12.4 和图 12.5 中,当按键被按下时,P1.0 输入为高电平;当按键按下

后,P1.0 输入为低电平。由于按键是机械触点,当机械触点断开、闭合时会有抖动, P1.0 输入端的波形如图 12.5 所示。这种抖动对于人来说是感觉不到的,但对单片 机来说,则是完全可以感应到的,因为单片机处理的速度是在微秒级,而机械抖动的 时间至少是毫秒级,对单片机而言,这已是一个"漫长"的时间了。

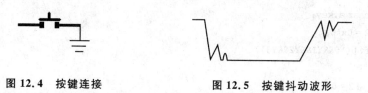

图 12.4　按键连接　　　　　　　图 12.5　按键抖动波形

为使 CPU 能正确地读出 P1 口的状态,对每一次按键只作一次响应,就必须考 虑如何去除抖动,常用的去抖动的方法有两种:硬件方法和软件方法。单片机中常用 软件法,因此,对于硬件方法这里不介绍。

软件法其实很简单,就是在单片机获得 P1.0 口为低的信息后,不是立即认定按 键已被按下,而是延时 10 ms 或更长一些时间后再次检测 P1.0 口,如果仍为低,说明 按键的确被按下了,这实际上是避开了按键按下时的抖动时间。而在检测到按键释 放后(P1.0 为高)再延时 5～10 ms 消除后沿的抖动,然后再对键值处理。不过一般 情况下,通常不对按键释放的后沿进行处理,实践证明,也能满足一定的要求。当然, 实际应用中,对按键的要求也是千差万别的,要根据不同的需要来编制处理程序,但 以上是消除键抖动的原则。

12.2.2　程序范例

该矩阵为矩阵键盘扫描程序,具体功能是按哪个键就在数码管显示该按键值。

```
# include <reg52.h>        /*单片机 c 语言头文件*/
# define uchar             unsigned char
# define uint              unsigned int
sbit      X0 = P2^0;
sbit      X1 = P2^1;
sbit      X2 = P2^2;
sbit      X3 = P2^3;
sbit      Y0 = P2^4;
sbit      Y1 = P2^5;
sbit      Y2 = P2^6;
sbit      Y3 = P2^7;
void delay(unsigned int t);        //函数声明,声明 delay()延时函数
unsigned char Key_Scan(void);      //函数声明
uchar key(void);


void delay(unsigned int t)         // 延时函数
```

```
{
    for(;t != 0;t -- ) ;
}
unsigned char Key_Scan(void)          //矩阵键盘扫描子函数
{
    uchar a,key;
    P2 = 0xf0;
    if(!(Y0&&Y1&&Y2&&Y3))
    {
        P2 = 0xf0;
        delay(200);
        if(!(Y0&&Y1&&Y2&&Y3))
        {
        P2 = 0xff;
        X0 = 0;
        if(!(Y0&&Y1&&Y2&&Y3))
        {
          a = P2;
          goto pp1;
        }
        P2 = 0xff;
        X1 = 0;
        if(!(Y0&&Y1&&Y2&&Y3))
        {
          a = P2;
          goto pp1;
        }
        P2 = 0xff;
        X2 = 0;
        if(!(Y0&&Y1&&Y2&&Y3))
        {
          a = P2;
          goto pp1;
        }
        P2 = 0xff;
        X3 = 0;
        if(!(Y0&&Y1&&Y2&&Y3))
        {
          a = P2;
          goto pp1;
        }
        }
```

```
        else  a = 0xff;
    }
    else  a = 0xff;
pp1：key = a；
return key；
}
uchar key(void)                    //键盘判键值子函数
{
    uchar k,KEY；
    KEY = 0xff；
    k = Key_Scan()；
    if(k! = 0xff)
    {
        while(k = = Key_Scan())；
        switch(k)                //   键码
    {
        case 0x7e：KEY = 0x04；break；  //    4
        case 0x7d：KEY = 0x08；break；  //    8
        case 0x7b：KEY = 0x0b；break；
        case 0x77：KEY = 0x0f；break；  //
        case 0xbe：KEY = 0x03；break；  //    3
        case 0xbd：KEY = 0x07；break；  //    7
        case 0xbb：KEY = 0x0a；break；  //
        case 0xb7：KEY = 0x0e；break；  //
        case 0xde：KEY = 0x02；break；  //    2
        case 0xdd：KEY = 0x06；break；  //    6
        case 0xdb：KEY = 0x00；break；  //    0
        case 0xd7：KEY = 0x0d；break；  //
        case 0xee：KEY = 0x01；break；  //    1
        case 0xed：KEY = 0x05；break；  //    5
        case 0xeb：KEY = 0x09；break；  //    9
        case 0xe7：KEY = 0x0c；break；  //
        default： KEY = 0xff；break；  //   无键按下
    }
    }
    return KEY；
}


void main()                        //主函数
{
    uchar code shu[12] = {0xc0,0xf9,0xa4,0xb0,0x99,    //0,1,2,3,4,
                0x92,0x82,0xf8,0x80,0x90,              //5,6,7,8,9,
```

```
                        0x00,0xff};                          //灭 共阳极 段码
uchar  i,k;
uchar  display[2] = {0x0b,0x0b};
while(1)
{
k = key();
    if(k< = 0x0f)
    {
        display[0] = k/10;
        display[1] = k%10;
    }
    for(i = 0;i<2;i++)
    {
        P1 = (~(0X01<<i));
        P0 = shu[display[i]];
        delay(100);
    }
}
}
```

12.3 总 结

本课介绍了键盘,其有独立键盘、矩阵键盘之分。按键去抖分为硬件去抖和软件去抖,单片机中常用软件法。

数码管利用了人的视觉暂留,即余辉效应。静态扫描显示,亮度高;动态扫描显示,亮度与扫描时间有关。

习 题

1. 用数码管、中断做一个电子钟 12 - 00 - 00,上电后开始正常运行。
2. 用 4 个按键控制上述电子钟,秒、分、时、复位。

第 **13** 课

人机界面接口技术
——字符型液晶屏

13.1　LCD 显示器基本原理

液晶是介于固体和液体之间的一种有机化合物,如图 13.1 所示。液晶可流动,又具有晶体的某些光学性质,即在不同方向上它的光电效应不同。液晶是被动显示器,本身不发光,而是通过电压控制对环境光在显示部位的反射或透射来实现显示,LCD 的主要参数如下所示:

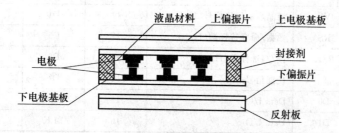

图 13.1　液晶显示器基本原理

> 响应时间:从加上脉冲电压算起,到透光率达饱和值 90% 所需的时间。

> 余辉:从去掉脉冲电压算起,到透光率达饱和值 10% 所需的时间。

> 阈值电压 Vth:当脉冲电压大于 Vth 时液晶显示,否则不显示。

> 对比度:在零伏时光透过率与在工作电压下透过率的比值。

> 刷新率:每秒刷新次数。

> 分辨率:屏幕上水平和垂直方向所能够显示的点数。

> 视角:可视角度。目前最好的已达 160°,将近纯平 CRT 的 180°。

13.2 电子产品设计或电子模块驱动设计步骤

所有电子产品设计大致是一样的,这里只以 LCD1602 为例讲解。

1. 明确目的

用单片机控制 LCD1602 显示如下两行英文:

www.edu118.com

TEL:075526457584

2. 硬件设计

硬件设计参考:(1) 技术资料概述;(2) 管脚图;(3) 典型例子电路。

字符型液晶屏与单片机相连依据:LCD1602 字符型液晶屏的引脚功能和典型设计电路。参考 LCD1602 引脚说明(如表 13.1 所列)及 LCD1602 硬件连接电路图(如图 13.2 所示),完成硬件连接。

表 13.1 LCD1602 液晶屏的引脚说明

编 号	符 号	引脚说明	编 号	符 号	引脚说明
1	VSS	电源地	9	D2	Data I/O
2	VDD	电源正极	10	D3	Data I/O
3	VL	液晶显示偏压信号	11	D4	Data I/O
4	RS	数据/命令选择端(H/L)	12	D5	Data I/O
5	R/H	读/写选择端(H/L)	13	D6	Data I/O
6	E	使能信号	14	D7	Data I/O
7	D0	Data I/O	15	BLA	背光源正极
8	D1	Data I/O	16	BLK	背光源负极

3. 软件编程流程

确定待显示字符(用数组定义一个字符串)。

(1) 液晶屏初始化;

(2) 显示第 1 行字符;

(3) 显示第 2 行字符;

(4) 循环。

4. 时序图

液晶屏读写操作时序图如图 13.3 和图 13.4 所示。

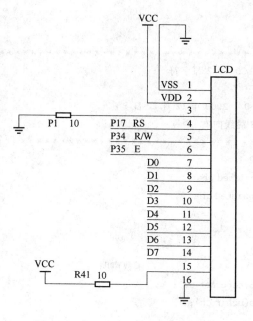

图 13.2　LCD1602 硬件连接电路图

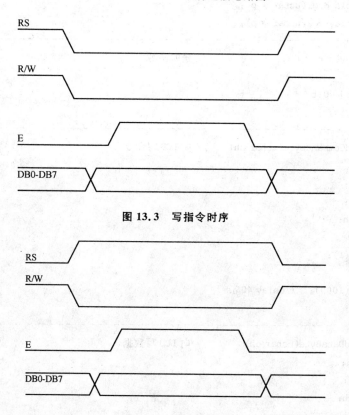

图 13.3　写指令时序

图 13.4　写数据时序

5. 程序范例

```
/ * * * * * * * * * * * * * * * * * * * * * * * * * * * * * * * * * * * * * * * * * * * * * * * * * * * * * * * * * /
* 描述:        向 LCD_1602 写字符
* 编写:        张三
* 版本信息:  V1.0   2008 年 12 月 20 日
* 说明:        SP3 跳线向右
* * * * * * * * * * * * * * * * * * * * * * * * * * * * * * * * * * * * * * * * * * * * * * * * * * * * * * * * * * /
# include <reg52.h>
# define uchar unsigned char
# define uint   unsigned int
sbit RS = P1^7;
sbit RW = P3^4;
sbit E = P3^5;
void delay(uint t);              //函数声明
void SendCommandByte(uchar ch);
void SendDataByte(uchar ch);
void InitLcd();
void DisplayMsg1(uchar * p);
void DisplayMsg2(uchar * p);
//---------------------------------------------------------
void delay(uint t)              // 延时函数
{
  for(;t != 0;t -- );
}
//---------------------------------------------------------
void SendCommandByte(uchar ch)     // 向 LCD 写命令
{
   RS = 0;
   RW = 0;
   P0 = ch;
   E = 0;
   delay(1);
   E = 1;
   delay(1000);   //delay 40 μs
}
//---------------------------------------------------------
void SendDataByte(uchar ch)          // 向 LCD 写数据
{   RS = 1;
   RW = 0;
   P0 = ch;
   E = 0;
```

```
    delay(1);
    E = 1;
    delay(1000); //delay 40 μs
}
// -------------------------------------------------
void InitLcd()                    // 初始化 LCD
{
SendCommandByte(0x38);            //设置工作方式,不检测忙信号
SendCommandByte(0x38);            //设置工作方式,不检测忙信号
SendCommandByte(0x38);            //设置工作方式,不检测忙信号
SendCommandByte(0x38);            //设置工作方式,不检测忙信号
SendCommandByte(0x08);            //显示关闭
SendCommandByte(0x01);            //清屏
SendCommandByte(0x0c);            //显示状态设置
SendCommandByte(0x06);            //输入方式设置
}
// =================================================
void DisplayMsg1(uchar * p)
{
unsigned char count;
SendCommandByte(0x80);            //设置 DDRAM 地址
for(count = 0;count<16;count + + )
    {
    SendDataByte( * p + + );
    }
}
// -------------------------------------------------
void DisplayMsg2(uchar * p)
{
unsigned char count;
SendCommandByte(0xc0);            //设置 DDRAM 地址
for(count = 0;count<16;count + + )
    {
    SendDataByte( * p + + );
    }
}


// =================================主函数============
void main(void)
{
char code msg1[16] = " www.edu118.com ";
char code msg2[16] = "TEL:075526457584";
```

```
    InitLcd();
    while(1)
    {
        DisplayMsg1(msg1);
        DisplayMsg2(msg2);
        delay(60000);
    }
}
```

13.3 总 结

本课介绍了字符型液晶屏 1602，显示容量为 16×2 个字符，内部带有 80×8 位（80 字节）。

习 题

1. 用读者自己名字的拼音或手机号码在 1602 上左移、右移、静止。
2. 用中断在 1602 上实现电子钟。
3. 用串口助手发送读者自己的名字的拼音，在 1602 上显示出来。

第 14 课

人机界面接口技术
——点阵型液晶屏

14.1 点阵型液晶屏 LCD12864

    LCD12864 点阵型液晶屏可以显示图形也可以显示汉字,功能比 LCD1602 强大一点,但是操作步骤基本上完全一样。注意,LCD12864 显示的图形最大点阵为128×64个点,汉字大小为 16×16 个点,英文字符为 8×16 个点。详细芯片资料请参见 LCD12864 的数据手册。

14.2 点阵型液晶屏硬件连接

    LCD12864 与单片机的接口设计应当依据 LCD12864 的引脚功能及典型应用电路而定,分别如表 14.1 和图 14.1 所示。

表 14.1 LCD12864 引脚功能

引脚号	引脚名称	级 别	引脚功能描述
1	V_{SS}	0 V	电源地
2	V_{DD}	+5 V	电源电压
3	V_{LCD}	0∼−10 V	LCD 驱动负电压,要求 $V_{DD}-V_{LCD}=13$ V
4	RS	H/L	寄存器选择信号
5	R/W	H/L	读/写操作选择信号
6	E	H/L	使能信号
7	DB0		
8	DB1		
9	DB2		
10	DB3		
11	DB4	H/L	8 位三态并行数据总线
12	DB5		
13	DB6		
14	DB7		

引脚号	引脚名称	级　别	引脚功能描述
15	CS1	H/L	片选信号,当 CS1＝H 时,液晶左半屏显示
16	CS2	H/L	片选信号,当 CS2＝H 时,液晶右半屏显示
17	$\overline{\text{RES}}$	H/L	复位信号,低有效
18	VEE		
19	LED＋(EL)	＋5 V	背光电源,$I_{dd} \leqslant 750$ mA
20	LED－(EL)	0 V	

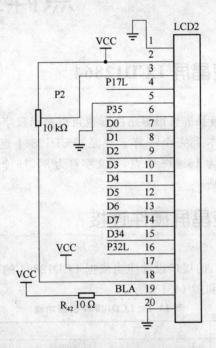

图 14.1　LCD12864 与单片机连接图

14.3　软件设计

1. 编程流程

（1）确定待显示汉字的点阵编码（需要用到取模软件,用数组定义）；

（2）液晶屏初始化：设置行、列、页；

（3）液晶屏清屏；

（4）显示汉字；

（5）循环。

2. LCD12864 液晶屏写时序

图 14.2 为 LCD12864 的写时序。该时序包含两部分,分别是写数据时序和写指令时序,通过设置 RS 的电平加以区分。

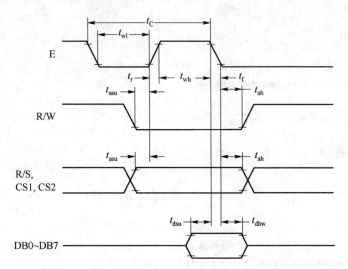

图 14.2　LCD12864 写时序

3. 点阵型液晶屏编程范例

```
/********************描述:向 LCD_128×64 写汉字"中"************/
# include <stdio.h>
# include <reg52.h>
# include <intrins.h>
# define uchar unsigned char
# define uint unsigned int
/* Define the register command code */
# define Disp_On 0x3f
# define Disp_Off 0x3e
# define Col_Add 0x40          //Y轴那一列
# define Page_Add 0xb8         // 总计 8 页
# define Start_Line 0xc0       //X轴那一行
# define Lcd_Bus P0            //MCU P0<------> LCD
sbit RS = P1^7;               // 数据\指令　选择
sbit E = P3^5;                // 读\写使能　选择
sbit CS1 = P3^4;              // 片选 1
sbit CS2 = P3^2;              // 片选 2
char code HZ_Store[] = { /*-- 文字:1   中   宋体 12;  此字体下对应的点阵为:宽×高
                          = 16×16  --*/
```

```
0x00,0x00,0xFC,0x08,0x08,0x08,0x08,0xFF,0x08,0x08,0x08,0x08,0xFC,0x08,0x00,0x00,
0x00,0x00,0x07,0x02,0x02,0x02,0x02,0xFF,0x02,0x02,0x02,0x02,0x07,0x00,0x00,0x00};
/* -----------------延时子程序----------------------------- */
void delay(unsigned int t)
{
  for(;t>0;t--);
}
/* -----------------写命令到 LCD----------------------------- */
void write_com(unsigned char cmdcode)
{
  RS = 0; //RW = 0;
  Lcd_Bus = cmdcode;
  delay(1);
  E = 1;
  delay(2);
  E = 0;
}
/* -----------------写数据到 LCD----------------------------- */
void write_data(unsigned char Dispdata)
{
  RS = 1; //RW = 0;
  Lcd_Bus = Dispdata;
  delay(1);
  E = 1;
  delay(2);
  E = 0;
}
/* -----------------清除内存---------------- */
void Clr_Scr()
{
    unsigned char j,k ;
    CS1 = 1 ;
    CS2 = 1 ;
    write_com(Page_Add + 0);
    write_com(Col_Add + 0);
    for(k = 0;k<8;k++)
    {
        write_com(Page_Add + k);
        for(j = 0;j<64;j++)
        {
            write_data(0x00);
        }
```

```
    }
}
/* ----------------------指定位置显示汉字 16×16------------------- */
void hz_disp16(unsigned char pag,unsigned char col,unsigned int ss)
{
    unsigned char j = 0,i = 0 ;
    ss = ss * 32 ;
    for(j = 0;j<2;j++)
    {
        write_com(Page_Add + pag + j);
        write_com(Col_Add + col);
        for(i = 0;i<16;i++)
        {
            write_data(HZ_Store[16 * j + i + ss]);
        }
    }
}
/* ------------------初始化 LCD 屏------------------------- */
void init_lcd()
{
    delay(100);
    CS1 = 1 ;
    CS2 = 1 ;
    delay(100);
    write_com(Disp_Off);
    write_com(Page_Add + 0);
    write_com(Start_Line + 0);
    write_com(Col_Add + 0);
    write_com(Disp_On);
}
/* ------------------主程序-------------------------- */
void main(void)
{
    unsigned char i = 0 ;
    delay(10000);
    init_lcd();
    delay(1000);
    Clr_Scr();
    delay(1000);
    CS1 = 1 ;
    CS2 = 0 ;
    hz_disp16(0,0,0);
```

```
//显示中
while(1)
{
    delay(60000);
}
}
```

14.4 总 结

LCD12864 点阵型液晶屏可以显示图形也可以显示汉字,显示的图形最大点阵为 128×64 个点,汉字大小为 16×16 个点,英文字符为 8×16 个点;分为两块屏,CS1 和 CS2 作片选信号;共有 64 行,每 8 行分为一页。

习 题

1. 用 12864 显示"信盈达电子有限公司"。
2. 用中断在 12864 上实现电子钟。

第 **15** 课
数据采集编程——A/D

15.1 模数转换 ADC

在测控系统中,模数转换(ADC)是非常重要的环节,尤其在以单片机或计算机为核心的系统中更是不可缺少的。模数转换技术是实现各种模拟信号通向数字世界的桥梁。

15.1.1 ADC0804

ADC0804 是一种逐次逼近型 A/D 转换器。转换一开始 SAR 向 DAC 置 MSB(逻辑"1"),并通过比较器将 DAC 的模拟输出(1/2 满量程)与模拟输入信号比较。若 DAC 输出小于模拟输入,则 MSB 保留;若 DAC 的输出大于模拟输入,则 MSB 丢弃(逻辑"0")。然后 SAR 继续向 DAC 置入次高位,将它保留还是丢弃,取决于 DAC 输出与模拟输入的比较结果。这种试探过程一直进行到 LSB 为止,此时转换即告完成,数据由输出端送出,如图 15.1 所示。输入模拟量与输出数字量的关系为:$V_x/V_{ref}=Bx/2^n$。其中,V_x 为模拟输入量,V_{ref} 为参考电压,Bx 为数字输出量,2^n 中 n 为 ADC 的位数。

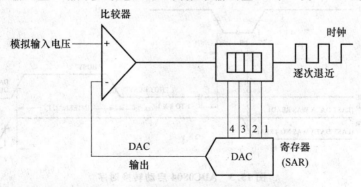

图 15.1 4 位逐次逼近型 A/D 原理方框图

15.1.2 硬件连接

如图 15.2 所示，通过调节可调电阻 RB1 的阻值，改变 A/D 的输入电压，然后通过单片机检测 A/D 输出端电压，处理后通过数码管显示该电压。

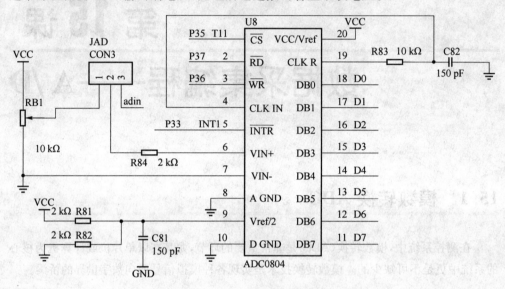

图 15.2 ADC0804 典型电路连接图

15.1.3 ADC0804 应用实例

1. ADC 转换时序图

ADC 转换时序图如图 15.3 和图 15.4 所示。

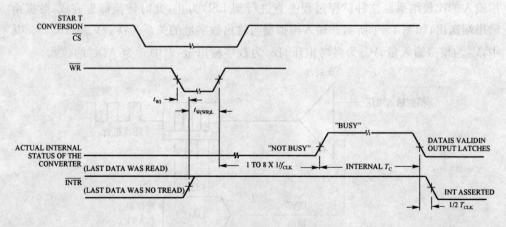

图 15.3 ADC0804 启动转换时序

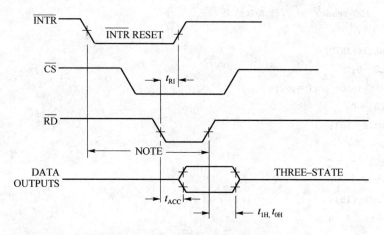

图 15.4　ADC 转换结果输出时序

2. 程序范例

程序功能描述：A/D——I/O 显示。

```c
#include <reg51.h>    //头文件
#define    uchar   unsigned   char
#define    uint    unsigned    int
#define    ADC_input_port    P0
sbit   INTR = P3^3;
sbit   CS   = P3^5;
sbit   WR1  = P3^6;
sbit   RD1  = P3^7;
uchar     a;
//==========================================================
void delay(unsigned int t)          // 延时函数
{
    for(;t !=0;t--) ;
}
//----------------A/D采样开始----------------------------------
void ADC_start()
{
    CS = 0;
    WR1 = 0;
    delay(10);
    WR1 = 1;
    CS = 1;
}
//----------------------------------------------------------
```

```
void   ADC_read()        //读 A/D 结果
{
    while(INTR);
    CS = 0;
    ADC_input_port = 0xff;
    RD1 = 0;
    delay(10);
    a = P0;
    RD1 = 1;
    CS = 1;
    delay(10);
}
//-----------------------------------------------------------
void  display()   //在 P1 口上显示 A/D 的结果
{
    delay(10000);
    P1 = a;
}
//===========================================================
void  main()
{
    while(1)
    {
        ADC_start();
        ADC_read();
        display();
    }
}
```

15.1.4 A/D 接口设计要点

1. 选择 A/D 转换芯片应遵循下述原则

(1) 根据传感器接口通道的总误差,选择 A/D 转换器精度及分辨率。

(2) 根据信号对象变化率及转换精度的要求确定 A/D 转换速度,以保证系统的实时性要求。

(3) 根据环境条件选择 A/D 转换芯片的一些环境参数要求,如工作温度、功耗、可靠性等级等性能。

(4) 根据单片机接口特性,考虑如何选择 A/D 转换器的输出状态。

(5) 另外还要考虑成本、资源以及是否是流行芯片等因素。

15.2　数模转换 DAC

DAC(Digital to Analog Converter)是一种能把数字量转换成模拟量的电子器件。因此,ADC 和 DAC 是沟通模拟电路和数字电路的桥梁,也可以说是两者之间的接口,如图 15.5 所示。

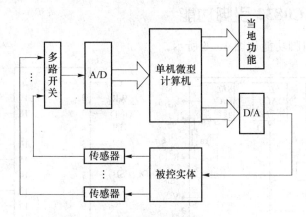

图 15.5　D/A 转换器 DAC0832 结构方框图

15.2.1　DAC 性能指标

DAC 性能指标较多,主要有以下 4 个:

1.　分辨率(Resolution)

分辨率是指 D/A 转换器能分辨的最小输出模拟增量,取决于输入数字量的二进制位数。一个 n 位的 DAC 所能分辨的最小电压增量定义为满量程值的 2^{-n} 倍。例如:满量程为 10 V 的 8 位 DAC 芯片的分辨率为 $10\text{ V} \times 2^{-8} = 39\text{ mV}$;一个同样量程的 16 位 DAC 的分辨率高达 $10\text{ V} \times 2^{-16} = 153\ \mu\text{V}$ 。

2.　转换精度(Conversion Accuracy)

转换精度是指满量程时 DAC 的实际模拟输出值和理论值的接近程度。对 T 型电阻网络的 DAC,其转换精度与参考电压 V_{REF}、电阻值和电子开关的误差有关。例如:满量程时理论输出值为 10 V,实际输出值是在 $9.99 \sim 10.01$ V 之间,其转换精度为 ± 10 mV。通常,DAC 的转换精度为分辨率的一半,即为 LSB/2。LSB 是分辨率,是指最低一位数字量变化引起幅度的变化量。

3.　偏移量误差(Offset Error)

偏移量误差是指输入数字量为零时,输出模拟量对零的偏移值。这种误差通常可以通过 DAC 的外接 V_{REF} 和电位计加以调整。

4. 线性度(Linearity)

线性度是指 DAC 的实际转换特性曲线和理想直线之间的最大偏移差。通常,线性度不应超出 ±LSB。

除上述指标外,转换速度(Conversion Rate)和温度灵敏度(Temperature Sensitivity)也是 DAC 的重要技术参数。

15.2.2 DAC0832 引脚功能

DAC0832 引脚功能如图 15.6 所示。

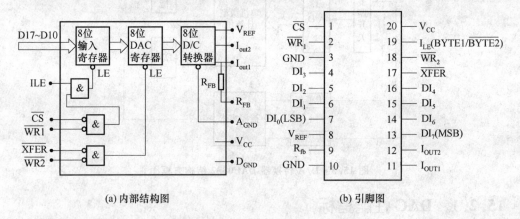

(a) 内部结构图   (b) 引脚图

图 15.6 DAC0832 内部结构及引脚图

15.2.3 DAC0832 的应用

(1) DAC 用作单极性电压输出:$V_{ref}/256$ 为一个常数。显然,Vout 和 B 成正比关系。输入数字量 B 为 0 时,Vout 也为 0,输入数字量为 256 时,Vout 为负的最大值,输出电压为负的单极性,如图 15.7 所示。

(2) DAC0832 用作双极性电压输出:接线方法如图 15.8 所示。

$$
由 \begin{cases} I_1 + I_2 + I_3 = 0 \\ I_1 = \dfrac{Vout1}{R}, I_2 = \dfrac{Vout}{2R}, I_3 = \dfrac{V_{REF}}{2R} \\ Vout1 = -B\dfrac{V_{REF}}{256} \end{cases}, 得出 Vout = (B-128)\dfrac{V_{REF}}{128}
$$

15.2.4 DAC0832 的时序图

DAC0832 有 3 种工作模式:双缓冲模式、单缓冲模式、直通模式,时序图如图 15.9、图 15.10 和图 15.11 所示。

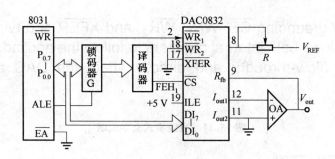

图 15.7 单极性电压输出接线方法

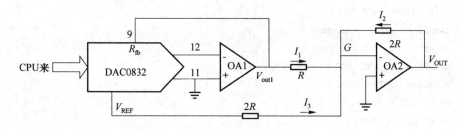

图 15.8 双极性电压输出接线方法

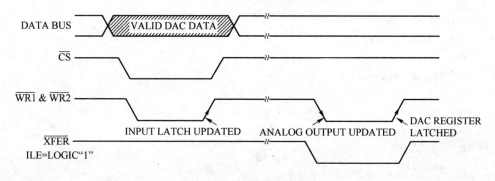

图 15.9 双缓冲模式时序

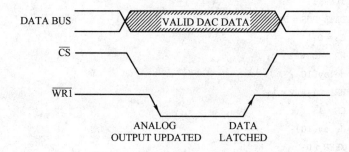

图 15.10 单缓冲模式时序

Simply grounding $\overline{CS}$, $\overline{WR_1}$, $\overline{WR_2}$, and $\overline{XFER}$ and tying ILE high allows both internal registers to follow the applied digital inputs (flow-through) and directly affect the DAC analog output.

图 15.11　直通模式文字说明

15.2.5　程序范例

```c
#include<reg52.h>
#define uchar  unsigned char
#define uint   unsigned int
#define DA_VAL  0X1F  //数字输入量
#define DATA_BUS P0
sbit  ILE = P3^0;
sbit  CS  = P3^4;
sbit  WR1 = P3^6;
sbit  WR2 = P3^1;
sbit  XFER = P3^2;
void  delay(uint t)
{
    for(;t>0;t--);
}
//===================================
void  double_buffered()  //双缓冲模式
{
    while(1)
    {
        ILE = 1;
        DATA_BUS = DA_VAL;
        CS = 0;
        WR1 = 0;WR2 = 0;
        delay(10);
        WR1 = 1;WR2 = 1;
        CS = 1;
        delay(10);
        XFER = 0;
        WR1 = 0;WR2 = 0;
        delay(10);
        WR1 = 1;WR2 = 1;
```

```
            XFER = 1;
        }
    }
// ==================================
void  single_buffered()   //单缓冲模式
{
    ILE = 1;
    WR2 = 0;
    XFER = 0;
    while(1)
    {
        DATA_BUS = DA_VAL;
        CS = 0;
        WR1 = 0;
        delay(100);
        WR1 = 1;
        CS = 1;
        delay(100);
    }
}
// ==================================
void  flow_through()   //直通模式
{
    ILE = 1;
    CS = 0;
    WR1 = 0;
    WR2 = 0;
    XFER = 0;
    while(1)
    {
        DATA_BUS = DA_VAL;
        delay(100);
    }
}
// ************************************
void  main()
{
    delay(1000);
    double_buffered();        //调用双缓冲模式
    //  single_buffered();    //调用单缓冲模式
    //  flow_through();       //调用直通模式
}
```

15.3 总 结

　　ADC0804 模数转换（ADC）是非常重要的环节,尤其在以单片机或计算机为核心的系统中更是不可缺少。

　　DAC0832 有 3 种工作模式:双缓冲模式、单缓冲模式、直通模式。单极性与双极性。

习 题

　　验证书中列出的程序。

第 16 课

I²C 总线及 AT24C02 的应用

16.1 I²C 总线

I²C 总线标准是 NXP 公司推出的总线标准,实际上已经成为一个国际标准。

I²C 总线速度有 3 种:标准模式(100 kbit/s)、快速模式(400 kbit/s)和高速模式 HS(3.4 Mbit/s)。

I²C 总线只要求两条总线线路:一条串行数据线(SDA)及一条串行时钟线(SCL)。

连接在相同总线上的 I²C 数量只受到总线的最大电容 400 pF 的限制。

16.2 AT24C02 芯片

24C02 是 2 KB 的串行 EEPROM,内部含有 256 个 8 位字节;该器件通过 I²C 总线操作,并有专门的写保护功能。图 16.1 给出的是 24C02 的电路原理图和器件管脚描述。串行器件不仅占用很少的资源和 I/O 线,而且体积大大缩小,同时具有工作电源宽、抗干扰能力强、功耗低、数据不易丢失和支持在线编程等特点。

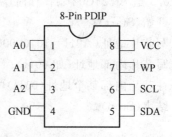

Pin Name	Function
A₀ to A₂	Address lnputs
SDA	Serial Data
SCL	Serial Clock Input
WP	Write Protect
NC	NO Connect

8-Pin PDIP

```
        A0  ┌ 1      8 ┐  VCC
        A1  ┌ 2      7 ┐  WP
        A2  ┌ 3      6 ┐  SCL
       GND  ┌ 4      5 ┐  SDA
```

图 16.1 AT24C02 引脚功能及脚位图

I²C 总线是一种用于 IC 器件之间连接的二线制总线。它通过 SDA(串行数据线)及 SCL(串行时钟线)这两根线,与挂在 I²C 总线上的器件进行通信,并根据地址识别每个器件,不管是单片机、存储器、LCD 驱动器还是键盘接口。

16.3 I²C 协议编程步骤

16.3.1 对 AT24C02 进行读操作

图 16.2 是 AT24C02 读操作时序,具体步骤如下所示:

(1) 开始(Start);

(2) 写芯片地址(A0H=10100000B);

(3) 写芯片内部地址(如 00H);

(4) 把写状态转换为读状态(开始(发送重复起始条件)、写芯片地址(A1H=10100001B)),或者叫读命令;

(5) 读芯片内部某个地址(00H)中的数;

(6) 结束(Stop)。

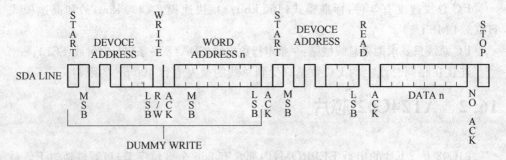

图 16.2 AT24C02 读操作时序

16.3.2 对 AT24C02 进行写操作

图 16.3 是 AT24C02 写操作时序,具体步骤如下所示:

(1) 开始(Start);

(2) 写芯片地址(A0H=10100000B);

(3) 写芯片内部地址(如 00H);

(4) 往芯片内部某个地址(00H)中写入数据;

(5) 结束(Stop)。

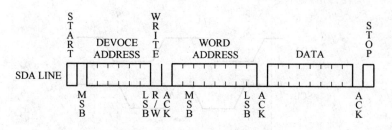

图 16.3　AT24C02 写操作时序

16.4　AT24C02 应用实例

1. 目的

电源每开关一次,或复位一次,单片机记录一次,并保存在 AT24C02 中,数码管显示开机次数。以 ZC600 综合开发板为该实验的硬件平台。

2. 硬件设计

硬件设计依据 AT24C02 芯片引脚图(如图 16.1 所示)及典型设计电路(如图 16.4 所示)而定。

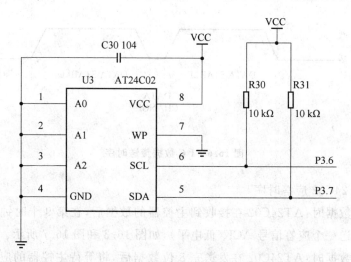

图 16.4　AT24C02 与单片机相连硬件图

3. 时序图

(1) AT24C02 启动、停止时序

AT24C02 启动、停止时序如图 16.5 所示。

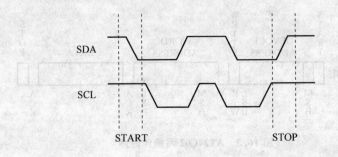

图 16.5 I²C 启动、停止时序

（2）AT24C02 读写时序

当 SCL 时钟线为高电平时，SDA 数据要保持稳定；当 SCL 为低时，数据总线上数据可以进行改变。

AT24C02 读写时序如图 16.6 所示。

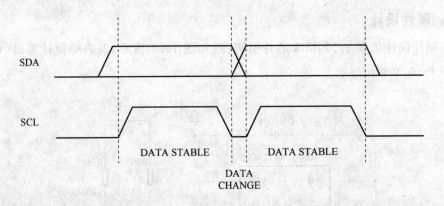

图 16.6 I²C 数据传送时序

（3）AT24C02 应答时序

➤ 接收数据时：AT24C02 在接收到主控器的数据后，在第 9 个时钟到来的时候将发送一个应答信号 ACK（低电平），如图 16.3 和图 16.7 所示。

➤ 发送数据时：AT24C02 在发送完 8 位数据后，将等待主控器的应答信号。当主控器只是读一个数据时，在第 9 个时钟的时候发送一个 NOACK 信号（高电平），如图 16.2 和图 16.8 所示。

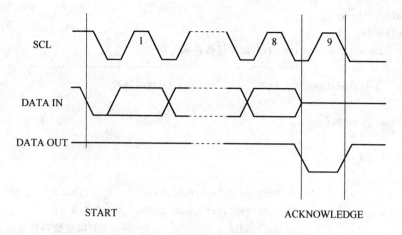

图 16.7 I²C 有应答信号的时序

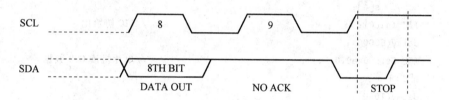

图 16.8 I²C 无应答信号的时序

（4）24 系列 I²C 芯片地址编码

24 系列 I²C 芯片地址编码格式如图 16.9 所示。

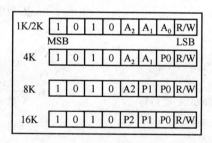

图 16.9 24 系列芯片地址编码格式

4. 程序范例

（1）主程序模块 main.c

```
/*******************描述:24C02 芯片 IIC 实验*******************/
#include <reg52.h>    //头文件
#include "IIC.h"       //自定义文件
#define uchar  unsigned char
#define uint   unsigned int
```

```
#define ON   0
#define OFF  1
void  delay(unsigned int t);//延时函数声明
//-------------------------------------------------------------
void  delay(unsigned int t)                     // 延时函数
{
    for(;t != 0;t-- ) ;
}
void  main()
{
    uchar code shu[12] = {0xc0,0xf9,0xa4,0xb0,0x99,  //0,1,2,3,4,
                          0x92,0x82,0xf8,0x80,0x90,  //5,6,7,8,9,
                          0x00,0xff};                //灭共阳极数码管显示段码
    uchar  i ;
    uchar  s[4];
    IIC_Init();                                  //IIC 初始化
    delay(60000);
    IIC_Gets(0xa0,0,1,s);                        //单片机读 C02 数据
    s[0]++;
    delay(1000);
    IIC_Puts(0xa0,0,1,s);                        //单片机写 C02 数据

    s[1] = s[0]/100;                             //数字百位
    s[2] = s[0]%100/10;                          //数字十位
    s[3] = s[0]%10;                              //数字个位
    while(1)
    {
        for(i = 0;i<3;i++)
        {
            P1 = (~(0X01<<i));                   //数码管显示
            P0 = shu[s[i+1]];
            delay(100);
        }
    }
}
```

(2) I²C 程序模块 IIC. c

```
#include "IIC.H"
/***********************************************************
函数:IIC_Delay()
功能:模拟 IIC 总线延时
说明:请根据具体情况调整延时值
```

```
**************************************************/
void IIC_Delay()
{
    unsigned char t;
    t = 10;
    while ( --t != 0 );    //延时
}
/*************************************************
函数:IIC_Init()
功能:IIC 总线初始化,使总线处于空闲状态
说明:在 main()函数的开始处,应当执行一次本函数
**************************************************/
void IIC_Init()
{
    IIC_SCL = 1;    IIC_Delay();
    IIC_SDA = 1;    IIC_Delay();
}
/*************************************************
函数:IIC_Start()
功能:产生 IIC 总线的起始条件
说明:SCL 处于高电平期间,当 SDA 出现下降沿时启动 IIC 总线
本函数也用来产生重复起始条件
**************************************************/
void IIC_Start()
{
    IIC_SDA = 1;    IIC_Delay();
    IIC_SCL = 1;    IIC_Delay();
    IIC_SDA = 0;    IIC_Delay();
    IIC_SCL = 0;    IIC_Delay();
}
/*************************************************
函数:IIC_Write()
功能:向 IIC 总线写一个字节的数据
参数:dat 是要写到总线上的数据
**************************************************/
void IIC_Write(unsigned char dat)
{
    unsigned char t = 8;
    do
    {
        IIC_SDA = (bit)(dat & 0x80);
        dat <<= 1;
```

```
        IIC_SCL = 1;   IIC_Delay();
        IIC_SCL = 0;   IIC_Delay();
    } while ( --t != 0 );
}
/ ****************************************************************
函数:IIC_Read()
功能:从从机读取一个字节的数据
返回:读取的一个字节数据
    **************************************************************** /
unsigned char IIC_Read()
{
    unsigned char dat;
    unsigned char t = 8;
    IIC_SDA = 1;   //在读取数据之前,要把 SDA 拉高,使之处于输入状态
    do
    {
        IIC_SCL = 1;   IIC_Delay();
        dat << = 1;
        if ( IIC_SDA ) dat ++ ;
        IIC_SCL = 0;   IIC_Delay();
    } while ( --t != 0 );
    return dat;
}
/ ****************************************************************
函数:IIC_GetAck()
功能:读取从机应答位(应答或非应答),用于判断:从机是否成功接收主机数据
返回:0:从机应答;1:从机非应答。
说明:从机在收到每一个字节后都要产生应答位,主机如果收到非应答则应当终止传输
    **************************************************************** /
bit IIC_GetAck()
{
    bit ack;
    IIC_SDA = 1;   IIC_Delay();
    IIC_SCL = 1;   IIC_Delay();
    ack = IIC_SDA;
    IIC_SCL = 0;   IIC_Delay();
    return ack;
}
/ ****************************************************************
函数:IIC_PutAck()
功能:主机产生应答位(应答或非应答),用于通知从机:主机是否成功接收从机数据
参数:ack = 0,主机应答;ack = 1,主机非应答
```

说明:主机在收到每一个字节后都要产生应答,在收到最后一个字节后,应当产生非应答

```
*************************************************/
void IIC_PutAck(bit ack)
{
    IIC_SDA = ack;   IIC_Delay();
    IIC_SCL = 1;    IIC_Delay();
    IIC_SCL = 0;    IIC_Delay();
}
/ ************************************************
```

函数:IIC_Stop()

功能:产生 IIC 总线的停止条件

说明:SCL 处于高电平期间,当 SDA 出现上升沿时停止 IIC 总线

```
*************************************************/
void IIC_Stop()
{
    unsigned int t;
    IIC_SDA = 0;
    IIC_Delay();
    IIC_SCL = 1;
    IIC_Delay();
    IIC_SDA = 1;
    IIC_Delay();// 对于某些器件来说,在下一次产生 Start 之前,额外增加一定的延时是
                // 必须的
    t = 15;
    while ( --t != 0 );
}
/ ************************************************
```

函数:IIC_Puts()

功能:主机通过 IIC 总线向从机发送多个字节的数据,单片机给 c02 相应地址写数据

参数:

　　SlaveAddr:从机地址(高位是从机地址,最低位是读写标志)

　　SubAddr:从机的子地址

　　size:数据大小(以字节计)

　　* dat:要发送的数据

返回:0:发送成功;1:在发送过程中出现异常

```
*************************************************/
bit IIC_Puts(unsigned char SlaveAddr, unsigned char SubAddr, unsigned char size, un-
signed char * dat)
{
    SlaveAddr &= 0xFE;        //确保从机地址最低位是 0
    IIC_Start();              //启动 IIC 总线
    IIC_Write(SlaveAddr);     //发送从机地址
```

```
    if ( IIC_GetAck() )
    {
        IIC_Stop();
        return 1;
    }
    IIC_Write(SubAddr);          //发送子地址
    if ( IIC_GetAck() )
    {
        IIC_Stop();
        return 1;
    }
    /******单片机给 AT24C02 发送数据********/
    do
    {
        IIC_Write( *dat++ );
        if ( IIC_GetAck() )
        {
            IIC_Stop();
            return 1;
        }
    } while ( --size != 0 );
    IIC_Stop();                  //发送完毕,停止 IIC 总线,返回
    return 0;
}
/*************************************************************
函数:IIC_Gets()
功能:主机通过 IIC 总线从从机接收多个字节的数据,单片机从 c02 相应地址读数据
参数:
SlaveAddr:从机地址(高位是从机地址,最低位是读写标志)
SubAddr:从机的子地址
size:数据大小(以字节计)
*dat:保存接收到的数据
返回:0:接收成功;1:在接收过程中出现异常
*************************************************************/
bit IIC_Gets(unsigned char SlaveAddr, unsigned char SubAddr, unsigned char size, unsigned char *dat)
{
    SlaveAddr &= 0xFE;           //确保从机地址最低位是 0
    IIC_Start();                 //启动 IIC 总线
    IIC_Write(SlaveAddr);        //发送从机地址
    if ( IIC_GetAck() )
    {
```

```
        IIC_Stop();
        return 1;
    }
    IIC_Write(SubAddr);         //发送子地址
    if ( IIC_GetAck() )
    {
        IIC_Stop();
        return 1;
    }
    IIC_Start();                //发送重复起始条件
    SlaveAddr | = 0x01;         //确保从机地址是最低位 1
    IIC_Write(SlaveAddr);       //发送从机地址
    if ( IIC_GetAck() )
    {
        IIC_Stop();
        return 1;
    }
    /************读 IIC 数据************/
    for (;;)
    {
        * dat + +  =  IIC_Read();
        if ( - - size == 0 )  //等待单片机从 c02 中读数据
        {
            IIC_PutAck(1);
            break;
        }
        IIC_PutAck(0); //如果单片机读到 c02 数据则返回给 c02 应答信号
    }
    IIC_Stop(); //接收完毕,停止 IIC 总线,返回
    return 0;
}
```

(3) 自定义 IIC.h 头文件

```
# ifndef IIC_H
# define IIC_H   //定义头文件的格式

# include <reg52.h>
sbit IIC_SCL = P3^6;     //模拟 IIC 总线的管脚定义,定义 IIC 总线时钟信号
sbit IIC_SDA = P3^7;     //模拟 IIC 总线的管脚定义,定义 IIC 总线数据信号
void IIC_Init();         //IIC 总线初始化
//主机通过 IIC 总线向从机发送多个字节的数据
bit IIC_Puts(
```

```
        unsigned char SlaveAddr,      //从机地址
        unsigned char Subaddr,        //从机子地址
        unsigned char size,           //数据大小(以字节计)
        unsigned char * dat           //要发送的数据
        );
//主机通过 IIC 总线从从机接收多个字节的数据
bit IIC_Gets(
        unsigned char SlaveAddr,      //从机地址
        unsigned char Subaddr,        //从机子地址
        unsigned char size,           //数据大小(以字节计)
        unsigned char * dat           //保存接收到的数据
        );
#endif                                //IIC_H 的头文件定义完成
```

注意:各程序模块要用到自定义的.H 文件时,必须要在各程序模块前进行调用(格式如♯include "IIC.H")。

自定义头文件格式范例如下:

① 头文件开始:

♯ifndef IIC_H

♯define IIC_H

② 头文件结束:♯endif   //IIC_H。

小知识点:常用存储器类型:

① RAM:可读可写,掉电数据丢失,相当于内存。

② ROM:只读存储器,只能读,不能写,掉电数据还存在,相当于光盘。

③ EEROM、FLASH:可读,可写,掉电数据还存在(例如 AT24C02 属于 EEPROM)。

16.5 总 结

24C02 是 2 KB 的串行 EEPROM,内部含有 256 个 8 位字节;该器件通过 I^2C 总线操作,并有专门的写保护功能。读时序,先写后读。24C02/04/08/16/32/64 具有页写能力,每页分别为 8/16/16/16/32/32 字节。

习 题

用 24C02 存储开机次数,用 1602 或 12864 显示。

第 *17* 课
步进电机的应用

17.1 步进电机

　　步进电机是将电脉冲信号转变为角位移或线位移的开环控制元件,外观如图 17.1 所示。在非超载的情况下,电机的转速、停止的位置只取决于脉冲信号的频率和脉冲数,而不受负载变化的影响。步进电机必须由双环形脉冲信号和功率驱动电路等组成控制系统方可使用。因此用好步进电机并非易事,它涉及机械、电机、电子及计算机等许多专业知识。步进电机的主要特性如下所示:

图 17.1　步进电机外观图

　　(1)步进电机必须加驱动才可以运转,驱动型号必须为脉冲信号,没有脉冲的时候,步进电机静止,如果加入适当的脉冲信号,就会以一定的角度(称为步角)转动。转动的速度和脉冲的频率成正比。

　　(2)开发板步进电机的步进角度为 30°,一圈 360°,需要 12 个脉冲完成。

　　(3)步进电机具有瞬间启动和急速停止的优越特性。

　　ZC600 型套件采用的是 12 V 步进电机,为了演示的方便,可以为它提供 5 V 的电源,此时转动力矩较小,读者也可自行把它应用为 12 V。该步进电机的耗电流为 200 mA 左右,采用 uln2003 驱动,驱动端口为 p0.3、p0.4、p0.5、p0.6。注意:uln2003 本身是一个反向器,因此在实际应用中要注意。

17.2 应用范例

1. 目的

按哪个键步进电机就走几步,比如按 1 键,则步进电机就走 1 步。

2. 硬件设计

硬件设计依据步进电机引脚图及典型设计电路而定。相关原理图如下:

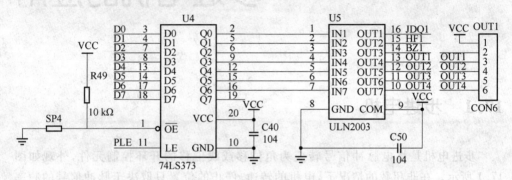

图 17.2 步进电机驱动电路

说明:PLE 即对应 CPU 的 P3.3。

ULN2003 为功率放大芯片,相当于 7 个三极管的集成。每对输入输出和三极管类似。

3. 步进电机正、反转编码

步进电机正、反转编码如表 17.1 所列,其结构图如图 17.3 所示。

表 17.1 步进电机编码表

序号	A	B	C	D
1	0	1	1	1
2	0	0	1	1
3	1	0	1	1
4	1	0	0	1
5	1	1	0	1
6	1	1	0	0
7	1	1	1	0
8	0	1	1	0

备注:①步进电机为两组线圈;4 个输入。如果有 1 个为 0 则步进电机走 1/8 步。如果步进电机为 12 步步进电机。则一步为 30°。②正转从 8 步—1—2—开始顺序执行;反转从 7 步—6 步—5—4 开始执行。

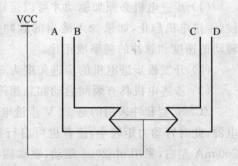

图 17.3 步进电机结构图

4．程序范例

（1）程序说明

① 液晶屏初始化；

② 液晶屏显示；

③ 判定哪一个键被按下；

④ 显示哪个键被按下；

⑤ 调用步进电机子程序，步进电机开始运行；

⑥ 延时；

⑦ 循环，从第③步重新开始。

（2）源程序

```
/ ************************************************************
* 描述：     步进电机多步实验
* 编写：     张三
* 版本信息： V1.0   2008 年 12 月 20 日
* 说明：     SP1,SP2,SP3 跳线向右
************************************************************ /
# include <reg52.h>
# define uchar unsigned char
# define uint   unsigned int
uchar     code shu[] = {"0123456789abcdef"};
uchar     time[7] = {0x08,0x05,0x08,0x23,0x02,0x00,0x02};
uchar     second = 0;
sbit      RS = P1^7;
sbit      RW = P3^4;
sbit      E = P3^5;
sbit      HC373_LE = P3^3;
uchar     bdata OUT;
sbit      JDQ = OUT^0;
sbit      HF = OUT^1;
sbit      BZ = OUT^2;
sbit      AA = OUT^3;
sbit      BB = OUT^4;
sbit      CC = OUT^5;
sbit      DD = OUT^6;
sbit      X0 = P2^0;
sbit      X1 = P2^1;
sbit      X2 = P2^2;
sbit      X3 = P2^3;
sbit      Y0 = P2^4;
```

```
sbit        Y1 = P2^5;
sbit        Y2 = P2^6;
sbit        Y3 = P2^7;
//---------------------------------------------------------------
void delay(unsigned int t)                    // 延时函数
{
    for(;t != 0;t -- ) ;
}
//---------------------------------------------------------------
void HC373(void)                              // 74HC373 控制输出
{
    P0 = OUT;
    HC373_LE = 1;
    delay(2);
    HC373_LE = 0;
}
//---------------------------------------------------------------
void SendCommandByte(unsigned char ch)        // 向 LCD 写命令
{
    RS = 0;
    RW = 0;
    P0 = ch;
    E = 1;
    delay(1);
    E = 0;
    delay(100);                               //delay 40 μs
}
//---------------------------------------------------------------
void SendDataByte(unsigned char ch)           // 向 LCD 写数据
{
    RS = 1;
    RW = 0;
    P0 = ch;
    E = 1;
    delay(1);
    E = 0;
    delay(100);                               //delay 40 μs
}
//---------------------------------------------------------------
void InitLcd()                                // 初始化 LCD
{
    SendCommandByte(0x30);
```

```
        SendCommandByte(0x30);
        SendCommandByte(0x30);
        SendCommandByte(0x38);  //设置工作方式
        SendCommandByte(0x0c);  //显示状态设置
        SendCommandByte(0x01);  //清屏
        SendCommandByte(0x06);  //输入方式设置
}
// ==================================================
void DisplayMsg1(uchar * p)
{
    unsigned char count;
    SendCommandByte(0x80);   //设置 DDRAM 地址
    for(count = 0;count<16;count ++ )
        {
            SendDataByte( * p ++ );
        }
}
// --------------------------------------------------
void DisplayMsg2(uchar * p)
{
    unsigned char count;
    SendCommandByte(0xc0);   //设置 DDRAM 地址
    for(count = 0;count<16;count ++ )
        {
            SendDataByte( * p ++ );
        }
}
// --------------------------------------------------
void Displayshu(uchar addrr,uchar sh)
{
    SendCommandByte(addrr);   //设置 DDRAM 地址
    SendDataByte(shu[sh>>4]);
    SendDataByte(shu[sh&0x0f]);
}
// ==================================================
void motor( uint pedometer)    //步进电机操作
{
    uint i;
    for(i = 0;i<pedometer;i ++ )
        {
            DD = 0;AA = 1;HC373();  delay(5000);
            AA = 1;BB = 1;HC373();  delay(5000);
```

```
            AA = 0;BB = 1;HC373();    delay(5000);
            BB = 1;CC = 1;HC373();    delay(5000);
            BB = 0;CC = 1;HC373();    delay(5000);
            CC = 1;DD = 1;HC373();    delay(5000);
            CC = 0;DD = 1;HC373();    delay(5000);
            DD = 1;AA = 1;HC373();    delay(5000);
        }
        AA = 0;BB = 0;CC = 0;DD = 0;
        HC373();
}
// ==================================================
unsigned char Key_Scan(void)
{
        uchar a,key;
        P2 = 0xf0;
        if(! (Y0&&Y1&&Y2&&Y3))
        {
            P2 = 0xf0;
            delay(200);
            if(! (Y0&&Y1&&Y2&&Y3))
            {
                P2 = 0xff;
                X0 = 0;
                if(! (Y0&&Y1&&Y2&&Y3)){a = P2;a = (a&0xf0 + 0x0e);goto pp1;}
                P2 = 0xff;
                X1 = 0;
                if(! (Y0&&Y1&&Y2&&Y3)){a = P2;a = (a&0xf0 + 0x0d);goto pp1;}
                P2 = 0xff;
                X2 = 0;
                if(! (Y0&&Y1&&Y2&&Y3)){a = P2;a = (a&0xf0 + 0x0b);goto pp1;}
                P2 = 0xff;
                X3 = 0;
                if(! (Y0&&Y1&&Y2&&Y3)){a = P2;a = (a&0xf0 + 0x07);goto pp1;}
            }
            else   a = 0xff;
        }
        else   a = 0xff;
pp1: key = a;
        return key;
}
// --------------------------------------------------
uchar key(void)
```

```
{   uchar k,KEY;
    KEY = 0xff;
    k = Key_Scan();
    if(k! = 0xff)
    {
        while(k = = Key_Scan());
        switch(k)                           //    键码
        {
        case 0x7e: KEY = 0x04;break;        //    4
        case 0x7d: KEY = 0x08;break;        //    8
        case 0x7b: KEY = 0x0b;break;        //
        case 0x77: KEY = 0x0f;break;        //
        case 0xbe: KEY = 0x03;break;        //    3
        case 0xbd: KEY = 0x07;break;        //    7
        case 0xbb: KEY = 0x0a;break;        //
        case 0xb7: KEY = 0x0e;break;        //
        case 0xde: KEY = 0x02;break;        //    2
        case 0xdd: KEY = 0x06;break;        //    6
        case 0xdb: KEY = 0x00;break;        //    0
        case 0xd7: KEY = 0x0d;break;        //
        case 0xee: KEY = 0x01;break;        //    1
        case 0xed: KEY = 0x05;break;        //    5
        case 0xeb: KEY = 0x09;break;        //    9
        case 0xe7: KEY = 0x0c;break;        //
        default:   KEY = 0xff;break;        //    无键被按下
        }
    }
    return KEY;
}
// =================================================
main()
{
    uchar k;
    char code msg1[16] = " www.edu118.com ";
    char code msg2[16] = "        - -V1.0 ";
    OUT = 0X00;   HC373();
    InitLcd();
    delay(60000);
    DisplayMsg1(msg1);
    DisplayMsg2(msg2);
    while(1)
    {   k = key();
```

```
        if(k<0xff)
        {   Displayshu(0xc0,k);
            motor(k);
        }
        delay(5000);
    }
}
```

17.3 总 结

步进电机是将电脉冲信号转变为角位移或线位移的开环控制元件,必须加驱动才可以运转,且驱动型号必须为脉冲信号。没有脉冲的时候,步进电机静止;如果加入适当的脉冲信号,就会以一定的角度(称为步角)转动。转动的速度和脉冲的频率成正比。

习 题

10 s 步进电机轮流反转并显示在静态数码管上。

第 **18** 课

红外遥控

18.1　红外编码

　　红外是一种无线通信方式,可以进行无线数据的传输。自 1974 年发明以来,得到很普遍的应用,如红外线鼠标、红外线打印机、红外线键盘等。红外的特征:红外传输是一种点对点的传输方式,无线,不能离得太远,要对准方向,且中间不能有障碍物也就是不能穿墙而过,几乎无法控制信息传输的进度;IrDA 已经是一套标准,IR 收/发的组件也是标准化产品。

18.1.1　红外与蓝牙的差别

1. 距离

　　红外:对准、直接、0~10 m,单对单。

　　蓝牙:10 m 左右,加强信号后最高可达 100 m,可以绕弯,可以不对准,可以不在同一间房间,连接最大数目可达 7 个,同时区分硬件。

2. 速度

　　红外:慢。串口速度,57 600~19 200 kbps。

　　蓝牙:快。1.1~2.1 Mbps 甚至更高(蓝牙 2.0)。

3. 安全

　　红外:无区别。

　　蓝牙:加密。

4. 成本

　　红外:几元至几十元。

　　蓝牙:几十元至几百元。

18.1.2 编码原理

这里介绍常用的超薄型红外线遥控器使用的 6121 编码。当发射器按键被按下后即有遥控码发出,所按的键不同遥控编码也不同。这种遥控码具有以下特征:采用脉宽调制的串行码,以低电平为 0.565 ms、高电平 0.56 ms、周期为 1.125 ms 的组合表示二进制的"0",其波形如图 18.1 所示;以低电平为 0.565 ms、高电平 1.685 ms、周期为 2.25 ms 的组合表示二进制的"1",其波形如图 18.2 所示。

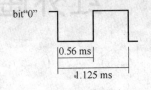
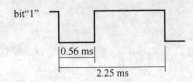

图 18.1 脉宽调制串行码——bit "0"   图 18.2 脉宽调制串行码——bit "1"

上述"0"和"1"组成的 32 位二进制码经 38 kHz 的载频进行二次调制以提高发射效率,达到降低电源功耗的目的;然后再通过红外发射二极管产生红外线向空间发射,如图 18.3 所示。

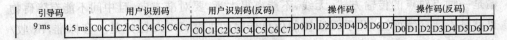

图 18.3 遥控信号编码波形图

UPD6121G 产生的遥控编码是连续的 32 位二进制码组,其中前 16 位为用户识别码,能区别不同的电器设备,防止不同机种遥控码互相干扰,如可以同时使用电视机、机顶盒、功放等遥控器,但它们不会产生误触发。该芯片的用户识别码固定为十六进制 01H;后 16 位为 8 位操作码(功能码)及其反码。UPD6121G 最多有 128 种不同组合的编码。

遥控器在按键被按下后,周期性地发出同一种 32 位二进制码,周期约为 108 ms。一组码本身的持续时间随它包含的二进制"0"和"1"的个数不同而不同,在 45～63 ms 之间,图 18.4 为发射波形图。

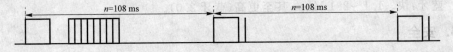

图 18.4 遥控信号的周期性波形

当一个键被按下超过 36 ms,振荡器使芯片激活,将发射一组 108 ms 的编码脉冲,这 108 ms 发射代码由一个起始码(9 ms),一个结果码(4.5 ms),低 8 位地址码(9～18 ms),高 8 位地址码(9～18 ms),8 位数据码(9～18 ms)和这 8 位数据的反码(9～18 ms)组成。如果键被按下超过 108 ms 仍未松开,接下来发射的代码(连发代码)将仅由起始码(9 ms)和结束码(2.5 ms)组成。

下边给出编程的思路:

16 位地址码的最短宽度:1.12×16=18 ms;

16 位地址码的最长宽度:2.24 ms×16=36 ms。

可以得知 8 位数据代码及其 8 位反代码的宽度和不变:(1.12 ms+2.24 ms)×8=27 ms。

所有 32 位代码的宽度为(18 ms+27 ms)~(36 ms+27 ms)。

很多电子爱好者对于红外线遥控都感觉到非常神奇,看不到,摸不着,但能实现无线遥控,其实控制的关键就是要用单片机芯片来识别红外线遥控器发出的红外光信号,即通常所说的解码。单片机得知发过来的是什么信号,然后再做出相应的判断与控制,如我们按电视机遥控器的频道按钮,则单片机会控制更换电视频道,如按的是遥控器音量键,则单片机会控制增减音量。而解码的关键是如何识别"0"和"1",从位的定义我们可以发现"0"、"1"均以 0.56 ms 的低电平开始,不同的是高电平的宽度不同,"0"为 0.56 ms,"1"为 1.68 ms,所以必须根据高电平的宽度区别"0"和"1"。如果从 0.56 ms 低电平过后开始延时,0.56 ms 以后,若读到的电平为低,说明该位为"0",反之则为"1"。为了可靠起见,延时必须比 0.56 ms 长些,但又不能超过 1.12 ms,否则如果该位为"0",读到的已是下一位的高电平,因此取(1.12 ms+0.56 ms)/2=0.84 ms 最为可靠,一般取 0.84 ms 左右均可。根据码的格式,应该等待 9 ms 的起始码和 4.5 ms 的结果码完成后才能读码。

18.2　案例程序

1. 程序 main. c

```
# include <reg52. h>
# include "IR32. h"
# define LED_PORT P1
void main(void)
{
    IrInit();        //定时器初始化
    while(1)
    {
        if(IrTest())//如果收到红外码
        {
            LED_PORT = IrGetDataCode();    //获取红外编码并且在 LED 上显示出来
        }
    }
}
```

2. 红外接收程序 ir32.c

```
/ *********************************************************
状态机:
1.如果时间差 = 0,由空闲态进入接受态
2.如果时间差>1 ms and <1.3 ms,收到数据
3.如果时间差>2 ms and <2.5 ms,收到数据
4.如果时间差>13.2 ms and <13.8 ms,收到开始位
5.如果时间差>12.2 ms and <12.8 ms,收到停止位(没有检测)
6.如果时间定时器溢出(时间差>20 ms),进入空闲状态
  ********************************************************* /
//描   述:lr_6222 遥控芯片接收程序
//-------------------------------------------------------- //
//占用以下资源:                                              //
//1. 遥控使用外部中断,接 P3.2 口                              //
//2. 遥控使用定时计数器                                       //
//3. 17 字节 data RAM                                        //
//4. 624 字节 code ROM                                       //
//-------------------------------------------------------- //

/ *********************************************************
***** 模块名:红外接收程序
***** 功能:  红外接收
***** 说明:  使用时 IrInit( )是必须调用的,其他的函数根据用户需要是否调用
***** 创建者: 陈志发
***** 创建时间:2008 - 12 - 20
***** 最后更新:2012 - 05 - 18
  ********************************************************* /
# include <reg52.h>
# include "IR32.h"        //声明函数
# define TIME_0_00MS      0x0000
# define TIME_1_00MS      0x0399//0x039a//
# define TIME_1_13MS      0x0469//0x0480//
# define TIME_2_00MS      0x07cf//0x0733//
# define TIME_2_50MS      0x09c3//0x0900//
# define TIME_13_2MS      0x338f//0x2ecd//
# define TIME_20_0MS      0x4e1f//0x4e20//

# define TIME_9_00MS      0x2066//0X4E20//        // 9 ms<T<14 ms      Fosc = 12 MHz
# define TIME_12_3MS      0x300c//0x4E20//
# define TIME_14_0MS      0x3266//0x4E20//
# define TIME_15_0MS      0x3A98//0x2ecd//
```

```
#define TIME1_LOAD        (0xffff - TIME_20_0MS)
//红外接收的状态码
#define IR_NOSIGNAL        0x00        //无红外信号状态
#define IR_HEADCHK         0x01        //红外接收头,引导码状态
#define IR_DATACHK         0x02        //接收数据状态
#define IR_RECEIVE_OK      0x03        //接收完成位状态
#define IR_RECEIVE_ERROR   0x04        //接收错误状态
#define IR_REPEAT0         0x05        //重复码 MS 状态
#define IR_REPEAT1         0x06        //重复码 5MS 状态


unsigned char Irok;
unsigned char Irdat;
unsigned char IR_check = 0;
unsigned char IR_bit_cnt = 0;
unsigned long Irbuf = 0;
```

```
/ *************************************************************
***** 函数名：IrInit(void)
***** 功能：  红外接收程序初始化
***** 参数：  无
***** 返回值： 返回位红外码包含系统码
***** 创建者： 陈志发
***** 创建时间：2008 - 12 - 20
***** 最后更新：2012 - 05 - 18
************************************************************* /
void IrInit(void)                  //遥控接收初始化
{
    IP | = 0X01;
    IE | = 0X83;
    TCON | = 0X11;
    TMOD | = 0X01;
    TH0 = TIME1_LOAD >>8;
    TL0 = TIME1_LOAD & 0XFF;
}
```

```
/ *************************************************************
***** 函数名：IrTest(void)
***** 功能：  检测红外码
***** 参数：  无
***** 返回值： 1:有红外信号,0:无红外信号
***** 创建者： 陈志发
***** 创建时间：2008 - 12 - 20
```

```
***** 最后更新：2012 - 05 - 18
******************************************************************/
unsigned char IrTest(void)                        //检查有无遥控信号
{   unsigned char OK；
    OK = Irok；
    Irok = 0；  //接收完成标志
    return OK；//返回接收完成标志
}


/*****************************************************************
***** 函数名：Irgetallcode(Void)
***** 功能：  获取红位外码包含系统码
***** 参数：   无
***** 返回值：  返回位红外码包含系统码
***** 创建者：  陈志发
***** 创建时间：2008 - 12 - 20
***** 最后更新：2012 - 05 - 18
******************************************************************/
# IF GET_CODE32
Unsigned long irgetallcode(void)                        //返回遥控码
{
    Irok = 0；
    Return(Irbuf)；
}
# endie


/*****************************************************************
***** 函数名：Irgetdatacode(void)
***** 功能：  获取位红外数据码
***** 参数：   无
***** 返回值：  返回红外数据码
***** 创建者：  陈志发
***** 创建时间：2008 - 12 - 20
***** 最后更新：2012 - 05 - 18
******************************************************************/
unsigned char irgetdatacode(void)                        //返回遥控码
{
    Irok = 0；
    return(Irdat)；
}
/*****************************************************************
***** 函数名：Int0_isr(void)
```

```
*****  功能：  红外解码程序(外中断服务程序)
*****  参数：  无
*****  返回值：  无
*****  创建者：  陈志发
*****  创建时间：2008 - 12 - 20
*****  最后更新：2012 - 05 - 18
************************************************************ /
void int0_isr(void) interrupt 0              //遥控使用外部中断,接 P3.2 口
{
    unsigned int timer;
    EX0 = 0;                                 //关外中断,防止错误

    if(IR_check = = IR_NOSIGNAL)             //引导脉冲第一次引起中断(把计数器清除)
    {
        TR0 = 0;                             //停止计数器
        TH0 = TIME1_LOAD >> 8;               //重赋定时初值
        TL0 = TIME1_LOAD & 0Xff;             //重赋定时初值
        TR0 = 1;
        IR_check = IR_HEADCHK;               //状态切换到数据码检测
    }


    else    //如果不是引导脉冲第一次引起中断,则把计数器值读出来供下面比较
    {
        TR0 = 0;
        timer = ((TH0 << 8) | TL0) - TIME1_LOAD;
        TH0 = TIME1_LOAD >> 8;
        TL0 = TIME1_LOAD & 0Xff;
        TR0 = 1;
    }
/ ******************* 判断引导脉冲 ************************ /

    if(IR_check = = IR_HEADCHK)     //判断引导脉冲 + 4.5 = 13.5 ms
    {
        if(timer > TIME_12_3MS && timer < TIME_15_0MS)
        {
            IR_check = IR_DATACHK;   // 引导脉冲 12.39 ms<T<15 ms          fosc = 12 MHz
        }
        IR_bit_cnt = 0;
    }


/ ******************* 数据接收区 ************************ /
    else if(IR_check = = IR_DATACHK)
```

```
    {
        if(timer > TIME_1_00MS && timer < TIME_1_13MS)      //DATA 0
        {
            IR_bit_cnt ++ ;
            Irbuf = (Irbuf << 1);        //把数据移入 Irbuf 中
            if(IR_bit_cnt == 32)
            {
                IR_check = IR_NOSIGNAL;  //回到无状态
            }
        }
        else if   (timer > TIME_2_00MS && timer < time_2_50MS)      //data 1
        {
            IR_bit_cnt ++ ;                    //接收位数计数器
            Irbuf = (Irbuf <<1) | 1;  //接收到数据则加上
            if(IR_bit_cnt == 32)   //校验后再设置标志,如果接收到位则表示接收完成
            {
                IR_check = IR_NOSIGNAL;   //回到无状态
            }
        }
    }
    EX0 = 1;
}
/ * * * * * * * * * * * * * * * * * * * * * * * * * * * * * * * * * * * * * * * * * * * * *
***** 函数名:time0_isr(void)
***** 功能:    定时计数,红外码校验程序,(定时器中断服务程序)
***** 参数:    无
***** 返回值:  无
***** 创建者:  陈志发
***** 创建时间:2008 - 12 - 20
***** 最后更新:2012 - 05 - 18
* * * * * * * * * * * * * * * * * * * * * * * * * * * * * * * * * * * * * * * * * * * * * /
void time0_isr(void) interrupt 1              //遥控使用定时计数器
{
    TH0 = TIME1_LOAD>>8 ;                   //重装初值
    TL0 = TIME1_LOAD&0xff ;                 //重装初值
    / * 校验数据码和反码 * /
    if(((irbuf>>8)&0xff) == ((~(Irbuf>>0))&0xff))
    {
        Irdat = (Irbuf>>8)&0xff;
        Irok = 1 ;                          //接收完成标志
    }
    TR0 = 0 ;                               //停止计数器,这步不是必要的,出于节约资源考虑
```

```
}
```

18.3　总　结

　　红外是一种无线通信方式,对准、直接、0～10 m,单对单,常用的超薄型红外线遥控器使用的就是 6121 编码。遥控编码是连续的 32 位二进制码组,一个起始码、一个结果码、8 位用户识别码、8 位用户识别反码、8 位数据码、8 位数据反码。

习　题

　　将红外解码后的数据通过串口发送到上位机。

第 **19** 课
单总线协议——
DS18B20 温度传感器

19.1　DS18B20 概述

　　DS18B20 是美国 DALLAS 半导体公司继 DS1820 之后最新推出的一种改进型智能温度传感器。与传统的热敏电阻相比,它能够直接读出被测温度并且可根据实际要求通过简单的编程实现 9~12 位的数字值读数方式。可以分别在 93.75 ms 和 750 ms 内完成 9 位和 12 位的数字量转换,并且从 DS18B20 读出信息或写入。DS18B20 的信息仅需要一根口线(单线接口)读写,温度变换功率来源于数据总线,总线本身也可以向所挂接的 DS18B20 供电,而无需额外电源。因而使用 DS18B20 可使系统结构更趋简单,可靠性更高;它在测温精度、转换时间、传输距离、分辨率等方面较 DS1820 有了很大的改进,给用户带来了更方便的使用和更令人满意的效果。

19.2　特　点

　　DS18B20 的特点,如下所示:

　　(1) 独特的单线接口方式:DS18B20 与微处理器连接时仅需要一根口线即可实现微处理器与 DS18B20 的双向通信。

　　(2) 在使用中不需要任何外围元件。

　　(3) 可用数据线供电,电压范围:3.0~+5.5 V。

　　(4) 测温范围:-55~+125 ℃。固有测温分辨率为 0.5 ℃。

　　(5) 通过编程可实现 9~12 位的数字读数方式。

　　(6) 用户可自设定非易失性的报警上下限值。

　　(7) 支持多点组网功能,多个 DS18B20 可以并联在唯一的三线上,实现多点测温。

（8）负压特性,电源极性接反时,温度计不会因发热而烧毁,造成不能正常工作。

19.3　内部结构

DS18B20 采用 3 脚 PR35 封装或 8 脚 SOIC 封装,其内部结构框图如图 19.1 所示。

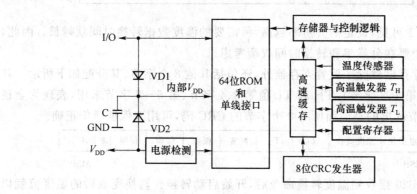

图 19.1　DS18B20 内部结构图

（1）64 位闪速 ROM 的结构如下:

开始 8 位是产品类型的编号,接着是每个器件的唯一的序号,共有 48 位,最后 8 位是前 56 位的 CRC 校验码,这也是多个 DS18B20 可以采用一线进行通信的原因。

8 位　检验 CRC		8 位　序列号		8 位码　工厂代码(10H)	
MSB	LSB	MSB	LSB	MSB	LSB

（2）非易失性温度报警触发器 TH 和 TL,可通过软件写入用户报警上下限。

（3）高速暂存存储器。

DS18B20 温度传感器的内部存储器包括一个高速暂存 RAM 和一个非易失性的可电擦除的 E^2PRAM。后者用于存储 TH 和 TL 值。数据先写入 RAM,经校验后再传给 E^2PRAM。而配置寄存器为高速暂存器中的第 5 个字节,它的内容用于确定温度值的数字转换分辨率,DS18B20 工作时按此寄存器中的分辨率将温度转换为相应精度的数值。该字节各位的定义如下:

TM	R1	R0	1	1	1	1	1

低 5 位一直都是 1,TM 是测试模式位,用于设置 DS18B20 在工作模式还是在测试模式。在 DS18B20 出厂时该位被设置为 0,用户不要去改动,R1 和 R0 决定温度转换的精度位数,即用来设置分辨率,如表 19.1 所列(DS18B20 出厂时被设置为 12 位)。

表 19.1　R1 和 R0 模式表

R1	R0	分辨率	温度最大转换时间/mm
0	0	9 位	93.75
0	1	10 位	187.5
1	0	11 位	275.00
1	1	12 位	750.00

由表 19.1 可见,设定的分辨率越高,所需要的温度数据转换时间就越长。因此,在实际应用中要在分辨率和转换时间权衡考虑。

高速暂存存储器除了配置寄存器外,还包括其他 8 个字节,其分配如下所示。其中温度信息(第 1、2 字节)、TH 和 TL 值第 3、4 字节、第 6～8 字节未用,表现为全逻辑 1;第 9 字节读出的是前面所有 8 个字节的 CRC 码,可用来保证通信正确。

温度低位	温度高位	T_H	T_L	配置	保留	保留	保留	8 位 CRC

LSB　　　　　　　　　　　　　　　　　　　　　　　　　　　　　MSB

当 DS18B20 接收到温度转换命令后,开始启动转换。转换完成后的温度值就以 16 位带符号扩展的二进制补码形式存储在高速暂存存储器的第 1、2 字节。单片机可通过单线接口读到该数据,读取时低位在前,高位在后,数据格式以 0.0625 ℃/LSB 形式表示。温度寄存器格式如表 19.2 所列。温度/数据关系如表 19.3 所列。

表 19.2　温度寄存器格式

	bit 7	bit 6	bit 5	bit 4	bit 3	bit 2	bit 1	bit 0
LS Byte	2^3	2^2	2^1	2^0	2^{-1}	2^{-2}	2^{-3}	2^{-4}

	bit 15	bit 14	bit 13	bit 12	bit 11	bit 10	bit 9	bit 8
MS Byte	S	S	S	S	S	2^6	2^5	2^4

表 19.3　温度/数据关系

温度/℃	数据输出(二进制)	数据输出(十六进制)
+125	0000 0111 1101 0000	07D0h
+85	0000 0101 0101 0000	0550h
+25.0625	0000 0001 1001 0001	0191h
+10.125	0000 0000 1010 0010	00A2h
+0.5	0000 0000 0000 1000	0008h
0	0000 0000 0000 0000	0000h
−0.5	1111 1111 1111 1000	FFF8h
−10.125	1111 1111 0101 1110	FF5Eh
−25.0625	1111 1110 0110 1111	FE6Eh
−55	1111 1100 1001 0000	FC90h

对应的温度计算:当符号位 S＝0 时,直接将二进制位转换为十进制;当 S＝1 时,先将补码变换为原码,再计算十进制值。表 19.3 是对应的一部分温度值。

DS18B20 完成温度转换后,就把测得的温度值与 TH 和 TL 作比较,若 T＞TH 或 T＜TL,则将该器件内的告警标志置位,并对主机发出的告警搜索命令作出响应。因此,可用多只 DS18B20 同时测量温度并进行告警搜索。

(4) CRC 的产生

在 64 位 ROM 的最高有效字节中存储了循环冗余校验码(CRC)。主机根据 ROM 的前 56 位来计算 CRC 值,并和存入 DS18B20 中的 CRC 值比较,以判断主机收到的 ROM 数据是否正确。

19.4　指令码

DS18B20 工作时需要接收特定的指令来完成相应功能(指令,可以简单地理解为可以被识别并有相应意义的一系列高低电平信号),它的指令可分为 ROM 指令和 RAM 指令;ROM 指令主要对其内部的 ROM 进行操作如表 19.4 所列,如查所使用 DS18B20 的序列号等,如果只使用一个 DS18B20,ROM 操作一般就可以直接跳过了;RAM 指令主要是完成对其内 RAM 中的数据进行操作,如让其开始进行数据采集、读数据等,如表 19.5 所列。

表 19.4　ROM 指令表

指　　令	约定代码	功　　能
读 ROM	33H	读 DS1820 温度传感器 ROM 中的编码(即 64 位地址)
匹配 ROM	55H	匹配 ROM 命令,后跟 64 位 ROM 序列,让总线控制器在多点总线上定位一只特定的 DS1820。只有和 64 位 ROM 序列完全匹配的 DS1820 才能响应随后的存储器操作命令。所有和 64 位 ROM 序列不匹配的从机都将等待复位脉冲。发出此命令之后,接着发出 64 位 ROM 编码,访问单总线上与该编码相对应的 DS1820 使之作出响应,为下一步对该 DS1820 的读写作准备。这条命令在总线上有单个或多个器件时都可以使用
搜索 ROM	0F0H	用于确定挂接在同一总线上 DS1820 的个数和识别 64 位 ROM 地址。为操作各器件作好准备。当一个系统初次启动时,总线控制器可能并不知道单线总线上有多少器件或它们的 64 位 ROM 编码。搜索 ROM 命令允许总线控制器用排除法识别总线上的所有从机的 64 位编码
跳过 ROM	0CCH	忽略 64 位 ROM 地址,直接向 DS1820 发温度变换命令。适用于单片工作
告警搜索命令	0ECH	这条命令的流程图和 Search ROM 相同。然而,只有在最近一次测温后遇到符合报警条件的情况,DS18B20 才会响应这条命令。报警条件定义为温度高于 TH 或低于 TL。只要 DS18B20 不掉电,报警状态将一直保持,直到再一次测得的温度值达不到报警条件。执行后只有温度超过设定值上限或下限的片子才做出响应

表 19.5　RAM 指令表

指　　令	约定代码	功　　能
温度变换	44H	启动 DS1820 进行温度转换,12 位转换时最长为 750 ms(9 位为 93.75 ms),结果存入内部 9 字节 RAM 中
读暂存器	0BEH	读内部 RAM 中 9 字节的内容
写暂存器	4EH	发出向内部 RAM 的 3、4 字节写上、下限温度数据命令,紧跟该命令之后,是传送两字节的数据
复制暂存器	48H	将 RAM 中第 3、4 字节的内容复制到 EEPROM 中
重调 EEPROM	0B8H	将 EEPROM 中内容恢复到 RAM 中的第 3、4 字节
读供电方式	0B4H	读 DS1820 的供电模式。寄生供电时 DS1820 发送"0",外接电源供电 DS1820 发送"1"

19.5　时　序

1. 复位时序

首先必须对 DS18B20 芯片进行复位,复位就是由控制器(单片机)给 DS18B20 上的单总线至少 480 μs 的低电平信号。其次,当 18B20 接到此复位信号后则会在 15~60 μs 后回发一个芯片的存在脉冲。

存在脉冲:在复位电平结束之后,控制器应该将数据单总线拉高,以便于在 15~60 μs 后接收存在脉冲,存在脉冲为一个 60~240 μs 的低电平信号。至此,通信双方已经达成了基本的协议,接下来将会是控制器与 18B20 间的数据通信。如果复位低电平的时间不足或是单总线的电路断路都不会接到存在脉冲,在设计时要注意意外情况的处理,如图 19.2 所示。

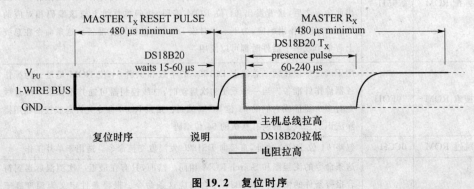

图 19.2　复位时序

2. 写时序

写时序有写"0"和写"1"两种情况。这两种情况相同的地方是:本次写数据位操作到下一次写数据位之间最少相隔 1 μs,写一个数据位时间周期不能小于 60 μs,如图 19.3 所示。

> 写"1"时,主机把总线拉低后必须要在 15 μs 内释放总线,释放后上拉电阻会把总线拉高。

> 写"0"时,主机把总线拉低后最少维持 60 μs 低电平。DS18B20 是通过图 19.3 中的矩形区域来判断是写"0"还是写"1"的。矩形区域时间内总线是高就视为写"1",是低就视为写"0"。

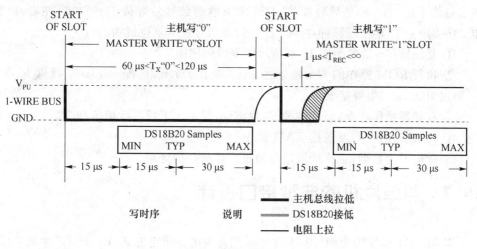

图 19.3　写时序

3. 读时序

读时序间隙时,控制时的采样时间应该更加精确,读时序间隙时也必须先由主机产生至少 1 μs 的低电平,表示读时序起始。随后在总线被释放后的 15 μs 中 DS18B20 会发送内部数据位,这时控制如果发现总线为高电平表示读出"1",如果总线为低电平则表示读出数据"0"。每一位的读取之前都由控制器加一个起始信号。注意:如图 19.4 所示,必须在读时序间隙开始的 15 μs 内读取数据位才可以保证通信的正确。

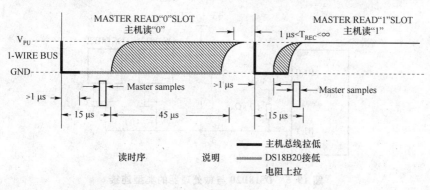

图 19.4　读时序

19.6 操作流程

根据 DS18B20 的通信协议，主机（单片机）控制 DS18B20 完成温度转换必须经过 3 个步骤：

每一次读写之前都要对 DS18B20 进行复位操作，复位成功后发送一条 ROM 指令，最后发送 RAM 指令，这样才能对 DS18B20 进行预定的操作。复位要求主 CPU 将数据线下拉 500 μs，然后释放，当 DS18B20 收到信号后等待 16～60 μs 左右，后发出 60～240 μs 的存在低脉冲，主 CPU 收到此信号表示复位成功。

① 复位操作（请参照图 19.2 所示的复位时序图）

② 执行 ROM 操作的 5 条指令之一：a. 读 ROM；b. 匹配 ROM；c. 搜索 ROM；d. 跳过 ROM；e. 报警搜索。

③ 存储器操作命令：温度转换、读取温度、设定上下限温度值等指令。

④ 再次复位操作，发送读 RAM 命令。

⑤ 读取温度数据：主机读取温度数据后进行数据处理。

19.7 与单片机的典型接口设计

以 MCS51 单片机为例，图 19.5 中采用寄生电源供电方式，P1.1 口接单线总线。为保证在有效的 DS18B20 时钟周期内提供足够的电流，可用一个 MOSFET 管和 89C51 的 P1.0 来完成对总线的上拉。当 DS18B20 处于写存储器操作和温度 A/D 变换操作时，总线上必须有强的上拉，上拉开启时间最大为 10 μs。采用寄生电源供电方式是 VDD 和 GND 端均接地。由于单线制只有一根线，因此发送接收口必须是三态的。主机控制 DS18B20 完成温度转换必须经过 3 个步骤：初始化、ROM 操作指令、存储器操作指令。假设单片机系统所用的晶振频率为 12 MHz，根据 DS18B20 的初始化时序、写时序和读时序，分别编写 3 个子程序：INIT 为初始化子程序、WRITE

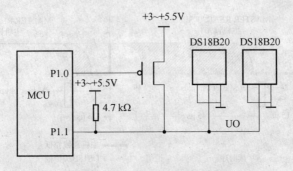

图 19.5 DS18B20 与微处理器的典型连接

为写(命令或数据)子程序、READ 为读数据子程序,所有的数据读写均由最低位开始;实际在实验中不用这种方式,只要在数据线上加一个上拉电阻 4.7 kΩ,另外 2 个脚分别接电源和地即可。

19.8　精确延时问题

虽然 DS18B20 有诸多优点,但使用起来并非易事。由于采用单总线数据传输方式,DS18B20 的数据 I/O 均由同一条线完成。因此,对读写的操作时序要求严格。为保证 DS18B20 的严格 I/O 时序,需要做较精确的延时。有了比较精确的延时保证,就可以对 DS18B20 进行读写操作、温度转换及显示等操作了。

19.9　案例程序

```
# include <reg52.h>
# include <intrins.h>
sbit io_DS18B20_DQ  = P1^4 ;   //定义总线接口
# define uint8    unsigned char
# define uchar    unsigned char
# define uint     unsigned int
# define uint16   unsigned int
# define DS18B20_DQ_HIGH   io_DS18B20_DQ = 1
# define DS18B20_DQ_LOW    io_DS18B20_DQ = 0
# define DS18B20_DQ_READ   io_DS18B20_DQ
uchar code □ infor = "The current time temprature is ";
void Uart_Send(uchar □p,uchar num);
void delay(uint t);
/□ 保存温度值的数组。依次存放正负标志,温度值十位,个位,和小数位□ /
uint8 Temperature[ 7 ] = "   . \r\n" ;
void v_Delay10Us_f( uint16 Count)
{
    while( − −Count )
    {
        _nop_();
    }
}
/□****************************************************
* Function:       uint8 v_Ds18b20Init_f( void )
* Description:    初始化 DS18B20  // 复位
* Parameter
* Return:         返回初始化的结果(0:复位成功;1:复位失败)
```

```
**************************************************************/
uint8 v_Ds18b20Init_f( void )
{
    uint8 Flag ;
    DS18B20_DQ_LOW ;          //总线拉低宏定义 io_DS18B20_DQ = 0
    v_Delay10Us_f( 80 ) ;      //延时大于 480 μs
    DS18B20_DQ_HIGH ;          //总线释放
    v_Delay10Us_f( 15 ) ;      //最少隔 15~60 μs 后 60 - 240 μs 发送存在脉冲信号
    Flag = DS18B20_DQ_READ ;   //如果 Flag 为 0,则复位成功,否则复位失败
    return Flag ;
}
/*************************************************************
* Function:        void v_Ds18b20Write_f( uint8 Cmd )       *
* Description:     向 DS18B20 写命令                          *
* Parameter:    Cmd:    所要写的命令                          *
* Return:                                                    *
**************************************************************/
void v_Ds18b20Write_f( uint8 Cmd )
{
    uint8 i ;
    for( i = 8 ; i > 0 ; i-- )
    {
        DS18B20_DQ_LOW;                 //拉低总线,开始写时序
        DS18B20_DQ_READ = Cmd & 0x01;   //控制字的最低位先送到总线
        v_Delay10Us_f( 5 ) ;            //稍作延时,让 DS18B20 读取总线上的数据
        DS18B20_DQ_HIGH ;               //拉高总线,1bit 写周期结束
        Cmd >> = 1 ;
    }
}
/*************************************************************
* Function:        uint8 v_Ds18b20Read_f( void )            *
* Description:     向 DS18B20 读取一个字节的内容               *
* Parameter:                                                *
* Return:          读取到的数据                               *
**************************************************************/
uint8 v_Ds18b20Read_f( void )
{
    uint8 ReadValue,i ;
    for( i = 8 ; i > 0 ; i-- )
    {
        DS18B20_DQ_LOW;   //由高到底后必须在 0~15 μs 之间读数据,否则数据无效
        ReadValue >> = 1 ;
```

```
        DS18B20_DQ_HIGH ;
      if( DS18B20_DQ_READ == 1 )
            ReadValue |= 0x80 ;
        v_Delay10Us_f( 3 ) ; //每读取位周期大概为 30 us
    }
    return ReadValue ;
}
/ * * * * * * * * * * * * * * * * * * * * * * * * * * * * * * * * * * * * * * * * * * * * * * *
* Function:        uint16 v_Ds18b20ReadTemp_f( void )                              *
* Description:     读取当前的温度数据(只保留了一位小数)                              *
* Parameter:                                                                       *
* Return:          读取到的温度值                                                   *
* * * * * * * * * * * * * * * * * * * * * * * * * * * * * * * * * * * * * * * * * * * * * * /
uint16 v_Ds18b20ReadTemp_f( void )
{
    uint8 TempH,TempL ;
    uint16 ReturnTemp ;
    //第 1 步温度转换,第 2 步读取温度
    / * if( v_Ds18b20Init_( ) ) return ;    //复位失败,在这里添加错误处理的代码    * /
    v_Ds18b20Init_f( ) ;                  //复位 DS18B20 初始化
    v_Ds18b20Write_f( 0xcc ) ;            //跳过 ROM
    v_Ds18b20Write_f( 0x44 ) ;            //启动温度转换,在转换过程中数据线一直保
                                          //持低电平,转换结束变高
    while(! io_DS18B20_DQ);               //等待转换结束
    v_Ds18b20Init_f( ) ;
    v_Ds18b20Write_f( 0xcc ) ;            //跳过 ROM
    v_Ds18b20Write_f( 0xbe ) ;            //读取 DS18B20 内部的寄存器内容
    TempL = v_Ds18b20Read_f( ) ;          //读温度值低位(内部 RAM 的第 0 个字节)
    TempH = v_Ds18b20Read_f( ) ;          //读温度值高位(内部 RAM 的第 1 个字节)
    //v_Ds18b20Init_f( ) ;                //复位 DS18B20 初始化复位中止读数据,可以
                                          //不要

    ReturnTemp = TempH ;
    ReturnTemp <<= 8 ;
    ReturnTemp |= TempL ;                 //温度值放在变量 ReturnTemp 中
    return ReturnTemp ;
}
/ * * * * * * * * * * * * * * * * * * * * * * * * * * * * * * * * * * * * * * * * * * * * * * *
* Function:    void v_TemperatureUpdate_f( void )              *
* Description:读取当前的温度数据并转化存放在数组 Temperature(只保留了一位小数) *
* Parameter:
* Return:
* * * * * * * * * * * * * * * * * * * * * * * * * * * * * * * * * * * * * * * * * * * * * * /
```

```c
void v_TemperatureUpdate_f( void )
{
    uint8 Tflag = 0 ;
    uint16 TempDat ;
    float Temp ;
    TempDat = v_Ds18b20ReadTemp_f() ; //读取温度函数

    //********************符号位********************//
    if( TempDat & 0xf800 )//高位为符号位,0 表示温度为正,1 表示温度为负
    {
        Tflag = 1 ;
        TempDat = ~TempDat + 1 ;   //温度负数是补码形式,要转成原码
    }
    Temp    = TempDat * 0.0625    ; //默认是位分辨率 1 024 × 4 × 0.062 5 = 256
    TempDat = Temp * 10           ; //无小数点了

    if(Tflag == 0)   //温度符号标志位
        Temperature[ 0 ] = '+';               //温度正负标志
    else
        Temperature[ 0 ] = '-';
    Temperature[ 1 ] = TempDat / 100    + '0'; //温度十位值 //转换成 ASCII 码
    Temperature[ 2 ] = TempDat % 100 / 10 + '0'; //温度个位值
    Temperature[ 4 ] = TempDat % 10       + '0'; //温度小数位
}
/*****************************************************************
* Function:    串口初始化函数                              *
* Description:  bps 9600  bit 8                           *
* Parameter:    none                                      *
* Return:       none                                      *
*****************************************************************/
void InitUart()
{
    TMOD = 0x20;
    TH1 = 0xfd;
    TL1 = 0xfd;
    SCON = 0X50;
    TR1 = 1;
}
/*****************************************************************
* Function:    串口发送函数                      *
* Description:  bps 9600  bit 8                           *
* Parameter:    *P 指向待发送的数据区;num 为待发送的数据个数      *
```

```
* Return：         none                                                      *
* * * * * * * * * * * * * * * * * * * * * * * * * * * * * * * * * * * * * * * * * * * /
void Uart_Send(uchar * p,uchar num)
{
    uchar i;
    for(i = 0;i<num;i++)
    {
        SBUF = p[i];
        while(TI == 0);
        TI = 0;
    }
}
/ * * * * * * * * * * * * * * * * * * * * * * * * * * * * * * * * * * * * * * * * * * * *
* Function：    延时函数                                                      *
* Description：1 ms 基准延时                                                   *
* Parameter：   t 为延时参数                                                   *
* Return：         none                                                      *
* * * * * * * * * * * * * * * * * * * * * * * * * * * * * * * * * * * * * * * * * * * /
void delay(uint t)
{
    uint i;
    while(t--)
        for(i = 83;i>0;i--);
}
/ * * * * * * * * * * * * * * * * * * * * * * * * * * * * * * * * * * * * * * * * * * * *
* Function：    主函数                                                        *
* Description：温度检测,串口发送检测回的温度                                     *
* Parameter：                                                                *
* Return：         none                                                      *
* * * * * * * * * * * * * * * * * * * * * * * * * * * * * * * * * * * * * * * * * * * /
main()
{
    InitUart();
    while(1)
    {
        v_TemperatureUpdate_f();                      //读取温度函数
        Uart_Send(infor,31);                          //串口发送提示信息 31 字符串长度
        Uart_Send(Temperature,sizeof(Temperature));//串口发送温度 Temperature 数组
                                                      //首地址
        // sizeof(Temperature)计算数组 Temperature 的长度
        delay(1000);                                  //延时
    }
```

```
}
```

19.10 总　结

　　DS18B20 与传统的热敏电阻相比,它能够直接读出被测温度并且可根据实际要求通过简单的编程实现 9～12 位的数字值读数方式。DS18B20 与微处理器连接时仅需要一条口线即可实现微处理器与 DS18B20 的双向通信;支持多点组网功能,多个 DS18B20 可以并联在唯一的三线上,实现多点测温。DS18B20 温度传感器的内部存储器包括一个高速暂存 RAM 和一个非易失性的可电擦除的 E²PRAM。

习　题

　　用 DS18B20 温度传感器把当前温度值通过 12864 液晶屏显示出来。

第 20 课

ModBus 中 CRC16
循环冗余校验

20.1 CRC 概念

CRC 的全称为 Cyclic Redundancy Check,中文名称为循环冗余校验,是一类重要的线性分组码,编码和解码方法简单,检错和纠错能力强,是数据通信领域中最常用的一种差错校验码。实际上,除了数据通信外,CRC 校验在其他很多领域也大有用武之地。例如读磁盘上的文件,以及解压一个 ZIP 文件时,偶尔会碰到 Bad CRC 错误,由此可见在数据存储方面也有应用。

利用 CRC 进行检错的过程可简单描述为:在发送端有 k 位二进制数码发送前,遵循一定的规则产生一串校验用的 r 位二进制监督码(CRC 码),附在原始数据后面。于是要发送的数据就变成了这样的组合:(k 位二进制数码)+(r 位二进制校验码),要发送的数据长度为($k+r$)个 bit。

在以上公式中,k 位二进制数码就称为"原始数据",记为 P(X);r 位二进制校验码称为"CRC 校验码",记为 R(X);根据原始数据生成 CRC 校验码所要遵循的规则就称为"生成多项式",记为 G(X)。

在通信协议中常见并被广泛使用的标准如表 20.1 所列。

表 20.1 通信协议中常见的标准

名 称	多项式	简 记	应用领域
CRC - 4	X4+X+1	0X13	ITU G704
CRC - 16	X16+X15+X2+1	0X8005	IBM SDLC
CRC - CCITT	X16+X12+X5+1	0X1201	ISO HDLC,ITU X. 25, SDLC, V. 34/V. 41/V. 42, PPP - FCS

名　称	多项式	简　记	应用领域
CRC - 32	$X32+X26+X23+X22+X16+X12+$ $X10+X8+X7+X5+X4+X2+X+1$	0X104C11DB7	ZIP,RAR,IEEE 802 LAN/ FDDI, IEEE 1394,PPP - FCS
CRC - 32C	$X32+X28+X27+X26+X25+X23+$ $X22+X20+X19+X18+X18+X14+$ $X13+X11+X10+X9+X8+X4+1$	0X11EDC6F41	SCTP

注意:生成多项式的最高幂次项系数固定是1,所以在简记中可将最高位的 1 统一去掉,如 CRC - 32 是 104C11DB7,也可记为 04C11DB7。

20.2　工业总线 ModBus

20.2.1　ModBus 串行通信数据格式

在 ModBus RTU 模式通信中,数据传送格式要求如下:

1. 命令报文格式

上位机读数据格式如表 20.2 所列。

表 20.2　上位机读数据格式

地址	功能码	数据起始地址高位	数据起始地址低位	数据个数高位	数据个数低位	CRC16 校验低8位	CRC16 校验高8位
	04						

从机返回格式如表 20.3 所列。

表 20.3　从机返回格式

地址	功能码	字节长度	数据1输入	数据2输入	...	CRC16 校验低8位	CRC16 校验高8位
	04		高位在前				

2. 异常应答返回

（1）非法功能如表 20.4 所列。

表 20.4　非法功能

从站地址	功能码	异常码	CRC16 校验
	80H＋原功能码	01	

（2）非法数据地址如表 20.5 所列。

表 20.5　非法数据地址格式

从站地址	功能码	异常码	CRC16 校验
	80H＋原功能码	02	

（3）非法数据值如表 20.6 所列。

表 20.6　非法数据值格式

从站地址	功能码	异常码	CRC16 校验
	80H＋原功能码	03	

3. 帧格式（10 位）

帧格式如表 20.7 所列。

表 20.7　帧格式

起始位	D0	D1	D2	D3	D4	D5	D6	D7	停止位

20.2.2　ModBus 串行通信功能码

在 ModBus RTU 模式通信中，支持的功能码如表 20.8 所列。

表 20.8　ModBus RTU 支持的功能码

功能码	名　称	作　用
01	读取线圈状态	取得一组逻辑线圈的当前状态(ON/OFF)
02	读取输入状态	取得一组开关输入的当前状态(ON/OFF)
03	读取保持寄存器	在一个或多个保持寄存器中取得当前的二进制值
04	读取输入寄存器	在一个或多个输入寄存器中取得当前的二进制值
05	强置单线圈	强置一个逻辑线圈的通断状态
06	预置单寄存器	把具体二进值装入一个保持寄存器
07	读取异常状态	取得 8 个内部线圈的通断状态,这 8 个线圈的地址由控制器决定,用户逻辑可以将这些线圈定义,以说明从机状态,短报文适宜于迅速读取状态
08	回送诊断校验	把诊断校验报文送从机,以对通信处理进行评鉴

功能码	名　称	作　用
09	编程（只用于 484）	使主机模拟编程器作用，修改 PC 从机逻辑
10	控询（只用于 484）	可使主机与一台正在执行长程序任务的从机通信，探询该机是否已完成其操作任务，仅在含有功能码 9 的报文发送后，本功能码才发送
11	读取事件计数	可使主机发出单询问，并随即判定操作是否成功，尤其是该命令或其他应答产生通信错误时
12	读取通信事件记录	可使主机检索每台从机的 ModBus 事务处理通信事件记录。如果某项事务处理完成，记录会给出有关错误
13	编程（184/384 484 584）	可使主机模拟编程器功能修改 PC 从机逻辑
14	探询（184/384 484 584）	可使主机与正在执行任务的从机通信，定期控询该从机是否已完成其程序操作，仅在含有功能 13 的报文发送后，本功能码才得发送
15	强置多线圈	强置一串连续逻辑线圈的通断
16	预置多寄存器	把具体的二进制值装入一串连续的保持寄存器
17	报告从机标识	可使主机判断编址从机的类型及该从机运行指示灯的状态
18	（884 和 MICRO 84）	可使主机模拟编程功能，修改 PC 状态逻辑
19	重置通信链路	发生非可修改错误后，使从机复位于已知状态，可重置顺序字节
20	读取通用参数（584L）	显示扩展存储器文件中的数据信息
21	写入通用参数（584L）	把通用参数写入扩展存储文件，或修改之
22～64	保留作扩展功能备用	
65～72	保留以备用户功能所用	留作用户功能的扩展编码
73～119	非法功能	
120～127	保留	留作内部作用
128～255	保留	用于异常应答

20.2.3　ModBus 串行通信 CRC16 校验

在 ModBus RTU 模式通信中，数据流末尾的两个字节为 CRC16 校验码，生成多项式是 $X^{15}+X^{13}+1$，换成 16 进制就是 0XA001。

下面为数据流末尾 CRC16 校验码的两个字节计算方法。

假设准备发送的原始数据为 6 个，试计算它们的 CRC16 校验码，生成多项式为 $X^{15}+X^{13}+1$(0XA001)，如下：

SendData[8]＝{0X00,0X04,0x00,0X00,0X00,0XF0 }；

下面为 CRC 的计算过程：

① 设置 CRC 寄存器（即校验码的最初值），并给其赋值 FFFF(hex)。

② 将要发送数据的第一个字节（8 bit）与 16 位 CRC 寄存器的低 8 位进行异或，并把结果存入 CRC 寄存器。

③ CRC 寄存器向右移一位，MSB 补零，移出并检查 LSB。

④ 如果 LSB 为 0，直接到第 5 步；若 LSB 为 1，CRC 寄存器与多项式码相异或，进入第⑤步。

⑤ 重复第③与第④步直到 8 次移位全部完成。此时一个 8 bit 数据处理完毕。

⑥ 重复第②～⑤步直到所有数据全部处理完成。

⑦ 最终 CRC 寄存器的内容即为 CRC 值。

1. 计算方法 1——直接计算法

计算程序如下：

```
/* -------------------------------------------------------------
* * 功        能：直接计算法生成 ModBus RTU CRC16 校验值
* * 公        司：深圳市信盈达电子
* * 创 建 日  期：2008 - 12 - 20
* * 编 译 环  境：KEIL
   ------------------------------------------------------------- */
// ***************** # include"CRC16.H"模块 ***************** //
# ifndef __CRC16__
# define __CRC16__
/* -------------------------------------------------------------
* * 函数名:void    crc_test_main_1()()
* * 功    能:crc测试程序1 主程序入口
   ------------------------------------------------------------- */
extern unsigned int crc_test_main_1(void);
extern unsigned char  SendData[6];
# endif

// ***************** 主函数模块 ***************** //
# include"CRC16.H"
# include<reg52.h>
unsigned int CRC16Value = 0;
void main(void)
{
CRC16Value = crc_test_main_1();
  while(1)
  {
    ;
  }
}
```

```
// ********************* CRC16 子函数模块********************** //

unsigned char   SendData[6] = {0x00,0x04,0x00,0X00,0X00,0Xf0};   //要发送的数据

unsigned int CRC_16(unsigned char data1[],unsigned char Length);
unsigned char tty();
/* --------------------------------------------------------------
* * 函数名:    CRC_16(unsigned char data1[],unsigned char Length)
* * 功      能:CRC_16 校验计算子程序
* * 传      入:
            data1[] 待校验的数组
            Length   转换的数组长度


* * 传      出:   16 位校验结果
-------------------------------------------------------------- */
unsigned int CRC_16(unsigned char data1[],unsigned char Length)
{
    unsigned char CRC16Lo,CRC16Hi;          //CRC 寄存器
    unsigned char CL,CH;                     //多项式码 &HA001
    unsigned char SaveHi,SaveLo;             //CRC 数据暂存
    unsigned char i;                          //循环变量
    unsigned int Flag;                        //循环变量
    CRC16Lo = 0xFF;
    CRC16Hi = 0xFF;
    CL = 0x01;
    CH = 0xA0;
  for (i = 0; i < Length; i++)
   {
        CRC16Lo = (unsigned char)(CRC16Lo ^ data1[i]);
                                //每一个数据与 CRC 寄存器进行异或
        for (Flag = 0; Flag <= 7 ; Flag++)
        {
            SaveHi = CRC16Hi;
            SaveLo = CRC16Lo;
            CRC16Hi = (unsigned char)(CRC16Hi >> 1);   //高位右移一位
            CRC16Lo = (unsigned char)(CRC16Lo >> 1);   //低位右移一位
            if ((SaveHi & 0x01) == 0x01)             //如果高位字节最后一位为 1
            {
                CRC16Lo = (unsigned char)(CRC16Lo | 0x80); //则低位字节右移后前面
                                                     //补 1,否则自动补 0
            }
            // ---------------------------------------------
```

```
        if ((SaveLo & 0x01) == 0x01)        //如果 LSB 为 1,则与多项式码进行异或
        {
            CRC16Hi = (unsigned char)(CRC16Hi ^ CH);
            CRC16Lo = (unsigned char)(CRC16Lo ^ CL);
        }
    }
}
return ((CRC16Hi<<8) | CRC16Lo);
}


/* ---------------------------------------------------------------
* * 函数名:void     crc_test_main_1()()
* * 功    能:crc 测试程序 1 主程序入口
---------------------------------------------------------------- */
unsigned int crc_test_main_1(void)
{
    unsigned int   CRC16_data;
    CRC16_data =   CRC_16(SendData,6);
    return CRC16_data;
}
```

仿真环境观察如图 20.1 所示。

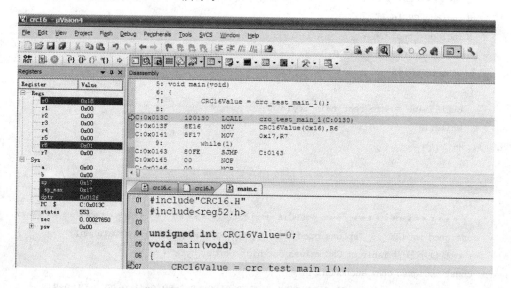

图 20.1　计算方法 1 KEIL 仿真环境观察图

仿真结果:CRC16 = 0x9FF1 。

这样加上 CRC16 校验码,要发送出去的 8 个字节数据为:

SendData[8]={ 0X00,0X04,0x00,0X00,0X00,0XF0,0XF1,0X9F };

2. 计算方法 2——查表法

计算程序如下：

```
/*******CRC16 查表法算法*******/
/*----------------------------------------------------------------
**功      能：查表法生成 ModBus RTU CRC16 校验值
**公      司：深圳信盈达电子有限公司
**创建日期：2008 - 12 - 20
**编译环境：
---------------------------------------------------------------- */
//****************#include"CRC16.H"模块********************//
#ifndef __CRC16__
#define __CRC16__
/*----------------------------------------------------------------
**函数名：void    crc_test_main_1()()
**功    能：crc 测试程序 1 主程序入口
---------------------------------------------------------------- */
extern unsigned int crc_test_main_1(void);
extern unsigned char    SendData[6];
#endif
//**********************主函数模块***************************//
#include"CRC16.H"
#include<reg52.h>
unsigned int CRC16Value = 0;
void main(void)
{
  CRC16Value = crc_test_main_1();
  while(1)
  {

  };
}
//******************CRC16 子函数模块*********************//
unsigned int CRC_16_Tab(unsigned char * puchMsg,unsigned short usDataLen);
/* 高位字节表 Table of CRC values for high - order byte */
const unsigned char auchCRCHi[] = {
0x00,0xC1,0x81,0x40,0x01,0xC0,0x80,0x41,0x01,0xC0,0x80,0x41,0x00,0xC1,0x81,
0x40,0x01,0xC0,0x80,0x41,0x00,0xC1,0x81,0x40,0x00,0xC1,0x81,0x40,0x01,0xC0,
0x80,0x41,0x01,0xC0,0x80,0x41,0x00,0xC1,0x81,0x40,0x00,0xC1,0x81,0x40,0x01,
0xC0,0x80,0x41,0x00,0xC1,0x81,0x40,0x01,0xC0,0x80,0x41,0x01,0xC0,0x80,0x41,
0x00,0xC1,0x81,0x40,0x01,0xC0,0x80,0x41,0x00,0xC1,0x81,0x40,0x00,0xC1,0x81,
```

```
0x40,0x01,0xC0,0x80,0x41,0x00,0xC1,0x81,0x40,0x01,0xC0,0x80,0x41,0x01,0xC0,
0x80,0x41,0x00,0xC1,0x81,0x40,0x00,0xC1,0x81,0x40,0x01,0xC0,0x80,0x41,0x01,
0xC0,0x80,0x41,0x00,0xC1,0x81,0x40,0x01,0xC0,0x80,0x41,0x00,0xC1,0x81,0x40,
0x00,0xC1,0x81,0x40,0x01,0xC0,0x80,0x41,0x01,0xC0,0x80,0x41,0x00,0xC1,0x81,
0x40,0x00,0xC1,0x81,0x40,0x01,0xC0,0x80,0x41,0x00,0xC1,0x81,0x40,0x01,0xC0,
0x80,0x41,0x01,0xC0,0x80,0x41,0x00,0xC1,0x81,0x40,0x00,0xC1,0x81,0x40,0x01,
0xC0,0x80,0x41,0x01,0xC0,0x80,0x41,0x00,0xC1,0x81,0x40,0x00,0xC1,0x81,0x40,0x01,
0x00,0xC1,0x81,0x40,0x00,0xC1,0x81,0x40,0x01,0xC0,0x80,0x41,0x00,0xC1,0x81,
0x40,0x01,0xC0,0x80,0x41,0x01,0xC0,0x80,0x41,0x00,0xC1,0x81,0x40,0x01,0xC0,
0x80,0x41,0x00,0xC1,0x81,0x40,0x00,0xC1,0x81,0x40,0x01,0xC0,0x80,0x41,0x01,
0xC0,0x80,0x41,0x00,0xC1,0x81,0x40,0x00,0xC1,0x81,0x40,0x01,0xC0,0x80,0x41,
0x00,0xC1,0x81,0x40,0x01,0xC0,0x80,0x41,0x01,0xC0,0x80,0x41,0x00,0xC1,0x81,
0x40
};
/* 低位字节表 Table of CRC values for low-order byte */
const unsigned char auchCRCLo[] = {
0x00,0xC0,0xC1,0x01,0xC3,0x03,0x02,0xC2,0xC6,0x06,0x07,0xC7,0x05,0xC5,0xC4,
0x04,0xCC,0x0C,0x0D,0xCD,0x0F,0xCF,0xCE,0x0E,0x0A,0xCA,0xCB,0x0B,0xC9,0x09,
0x08,0xC8,0xD8,0x18,0x19,0xD9,0x1B,0xDB,0xDA,0x1A,0x1E,0xDE,0xDF,0x1F,0xDD,
0x1D,0x1C,0xDC,0x14,0xD4,0xD5,0x15,0xD7,0x17,0x16,0xD6,0xD2,0x12,0x13,0xD3,
0x11,0xD1,0xD0,0x10,0xF0,0x30,0x31,0xF1,0x33,0xF3,0xF2,0x32,0x36,0xF6,0xF7,
0x37,0xF5,0x35,0x34,0xF4,0x3C,0xFC,0xFD,0x3D,0xFF,0x3F,0x3E,0xFE,0xFA,0x3A,
0x3B,0xFB,0x39,0xF9,0xF8,0x38,0x28,0xE8,0xE9,0x29,0xEB,0x2B,0x2A,0xEA,0xEE,
0x2E,0x2F,0xEF,0x2D,0xED,0xEC,0x2C,0xE4,0x24,0x25,0xE5,0x27,0xE7,0xE6,0x26,
0x22,0xE2,0xE3,0x23,0xE1,0x21,0x20,0xE0,0xA0,0x60,0x61,0xA1,0x63,0xA3,0xA2,
0x62,0x66,0xA6,0xA7,0x67,0xA5,0x65,0x64,0xA4,0x6C,0xAC,0xAD,0x6D,0xAF,0x6F,
0x6E,0xAE,0xAA,0x6A,0x6B,0xAB,0x69,0xA9,0xA8,0x68,0x78,0xB8,0xB9,0x79,0xBB,
0x7B,0x7A,0xBA,0xBE,0x7E,0x7F,0xBF,0x7D,0xBD,0xBC,0x7C,0xB4,0x74,0x75,0xB5,
0x77,0xB7,0xB6,0x76,0x72,0xB2,0xB3,0x73,0xB1,0x71,0x70,0xB0,0x50,0x90,0x91,
0x51,0x93,0x53,0x52,0x92,0x96,0x56,0x57,0x97,0x55,0x95,0x94,0x54,0x9C,0x5C,
0x5D,0x9D,0x5F,0x9F,0x9E,0x5E,0x5A,0x9A,0x9B,0x5B,0x99,0x59,0x58,0x98,0x88,
0x48,0x49,0x89,0x4B,0x8B,0x8A,0x4A,0x4E,0x8E,0x8F,0x4F,0x8D,0x4D,0x4C,0x8C,
0x44,0x84,0x85,0x45,0x87,0x47,0x46,0x86,0x82,0x42,0x43,0x83,0x41,0x81,0x80,
0x40
};
/* ----------------------------------------------------------------
```

**函数名：

**功　　能：查表法算 CRC_16

**描　　述：

**传　　入：功能取 2 个自变量：

　　　　　　unsigned char * puchMsg；为生成 CRC 值,把指针指向含有二进制的数据
　　　　　　的缓冲器；

unsigned int usDataLen；缓冲器中的字节数。该功能返回 CRC 作为一种类
型"unsigned short"。

**传   出：

--- */

```c
unsigned int CRC_16_Tab(unsigned char * puchMsg,unsigned short usDataLen)
{
  unsigned char uchCRCHi = 0xFF ;              /* 初始化高字节 */
  unsigned char uchCRCLo = 0xFF ;              /* 初始化低字节 */
  unsigned uIndex ;

  while (usDataLen --)                         /* 通过数据缓冲器 */
  {
  uIndex = uchCRCHi ^ * puchMsg ++ ;           /* 计算 CRC */
  uchCRCHi = uchCRCLo ^ auchCRCHi[uIndex] ;
  uchCRCLo = auchCRCLo[uIndex] ;
  }
  return (uchCRCLo << 8 | uchCRCHi) ;
}
/* -----------------------------------------------------------
**函数名:void    crc_test_main_2()
**功    能:CRC16 查表法测试程序主程序入口
----------------------------------------------------------------- */
unsigned int crc_test_main_2()
{
  unsigned int   CRC16;
  CRC16 =   CRC_16_Tab(SendData,6);
  return CRC16；
}
```

计算方法 2 软件仿真图如图 20.2 所示。仿真结果： CRC16 = 0x9FF1,与第 1
种计算法结果一致,但计算速度却加快了。

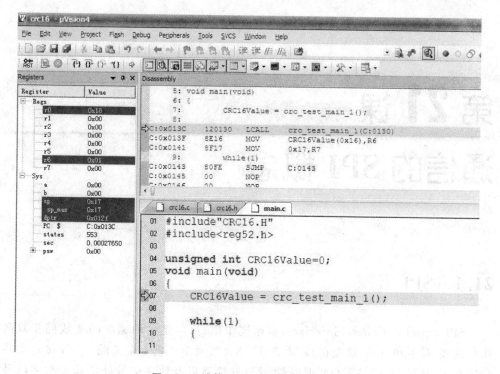

图 20.2　计算方法 2 软件仿真观察图

第 **21** 课

通信的 **SPI** 概念

21. 1　SPI

　　SPI,Serial Peripheral interface,高速同步串行口,是一种标准的 4 线同步双向串行总线,是 Motorola 首先在其 MC68HCXX 系列单片机上定义的。SPI 接口主要应用在 EEPROM、FLASH、实时时钟、AD 转换器以及数字信号处理器和数字信号解码器之间。SPI 是一种高速的、全双工、同步的通信总线,并且在芯片的管脚上只占用 4 根线,节约了芯片的管脚,同时为 PCB 的布局上节省空间,提供方便。正是由于这种简单易用的特性,现在越来越多的芯片集成了这种通信协议,比如 AT91RM9200。

　　SPI 总线系统是一种同步串行外设接口,可以使 MCU 与各种外围设备以串行方式进行通信以交换信息。外围设置 FLASHRAM、网络控制器、LCD 显示驱动器、A/D 转换器和 MCU 等。SPI 总线系统可直接与各个厂家生产的多种标准外围器件直接接口,该接口一般使用 4 条线:串行时钟线(SCK)、主机输入/从机输出数据线 MISO、主机输出/从机输入数据线 MOSI 和低电平有效的从机选择线 SS(有的 SPI 接口芯片带有中断信号线 INT、有的 SPI 接口芯片没有主机输出/从机输入数据线 MOSI)。

　　SPI 的通信原理很简单,以主从方式工作,这种模式通常有一个主设备和一个或多个从设备,需要至少 4 根线,事实上 3 根也可以(用于单向传输时,也就是半双工方式)。也是所有基于 SPI 的设备共有的,它们是 SDI(数据输入)、SDO(数据输出)、SCK(时钟)、CS(片选)。

　　(1) SDO:主设备数据输出,从设备数据输入;

　　(2) SDI:主设备数据输入,从设备数据输出;

　　(3) SCLK:时钟信号,由主设备产生;

　　(4) CS:从设备使能信号,由主设备控制。

其中 CS 是控制芯片是否被选中的,即只有片选信号为预先规定的使能信号时(高电位或低电位),对此芯片的操作才有效,这就使在同一总线上连接多个 SPI 设备成为可能。

接下来,用 3 根线负责通信。通信是通过数据交换完成的,这里先要知道 SPI 是串行通信协议,也就是说数据是一位一位地传输的。这就是 SCK 时钟线存在的原因,由 SCK 提供时钟脉冲,SDI 和 SDO 则基于此脉冲完成数据传输。数据输出通过 SDO 线,数据在时钟上升沿或下降沿时改变,在紧接着的下降沿或上升沿被读取。完成一位数据传输,输入也使用同样的原理。这样,在至少 8 次时钟信号的改变(上升沿和下降沿为一次),就可以完成 8 位数据的传输。

要注意的是,SCK 信号线只由主设备控制,从设备不能控制信号线。同样,在一个基于 SPI 的设备中,至少有一个主控设备。这样传输的特点是:这样的传输方式有一个优点,与普通的串行通信不同,普通的串行通信一次连续传送至少 8 位数据,而 SPI 允许数据一位一位地传送,甚至允许暂停,因为 SCK 时钟线由主控设备控制,当没有时钟跳变时,从设备不采集或传送数据。也就是说,主设备通过对 SCK 时钟线的控制可以完成对通信的控制。SPI 还是一个数据交换协议:因为 SPI 的数据输入和输出线独立,所以允许同时完成数据的输入和输出。不同的 SPI 设备的实现方式不尽相同,主要是数据改变和采集的时间不同,在时钟信号上升沿或下降沿采集有不同的定义,具体请参考相关器件的文档。

在点对点的通信中,SPI 接口不需要进行寻址操作,且为全双工通信,显得简单高效。在多个从设备的系统中,每个从设备需要独立的使能信号,硬件上比 I^2C 系统要稍微复杂一些。

21.2　接口的硬件连接

SPI 接口在内部硬件实际上是两个简单的移位寄存器,传输的数据为 8 位,在主器件产生的从器件使能信号和移位脉冲下,按位传输,高位在前,低位在后。如图 21.1 所示,在 SCLK 的下降沿上数据改变,同时一位数据被存入移位寄存器。

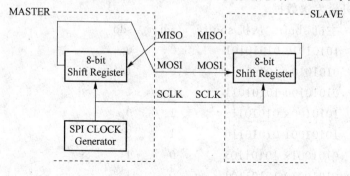

图 21.1　内部结构图

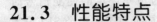

21.3　性能特点

AT91RM9200 的 SPI 接口主要由 4 个引脚构成:SPICLK、MOSI、MISO 及 $\overline{SS}$。其中 SPICLK 是整个 SPI 总线的公用时钟,MOSI 和 MISO 分别作为主机和从机的输入、输出的标志,MOSI 是主机的输出、从机的输入,MISO 是主机的输入、从机的输出。$\overline{SS}$ 是从机的标志引脚,对于互相通信的两个 SPI 总线的器件,$\overline{SS}$ 引脚的电平低的是从机,高的是主机。在一个 SPI 通信系统中,必须有主机。SPI 总线可以配置成单主单从、单主多从、互为主从。SPI 的片选可以扩充选择 16 个外设,这时 PCS 输出＝NPCS,用 NPCS0～3 接 4-16 译码器,这个译码器需要外接 4-16 译码器,译码器的输入为 NPCS0～3,输出用于 16 个外设的选择。SPI 接口的一个缺点是:没有指定的流控制,没有应答机制确认是否接收到数据。

21.4　SPI 协议

SPI 是一个环形总线结构,由 ss(cs)、sck、sdi、sdo 构成,其时序其实很简单,主要是在 sck 的控制下两个双向移位寄存器进行数据交换。假设下面的 8 位寄存器装的是待发送的数据 10101010,上升沿发送、下降沿接收、高位先发送。那么第一个上升沿来的时候,数据将会是 sdo＝1;寄存器中的 10101010 左移一位,后面补入送来的一位未知数 x,成为 0101010x。下降沿到来的时候,sdi 上的电平将锁存到寄存器中,那么这时寄存器＝0101010sdi,这样在 8 个时钟脉冲以后,两个寄存器的内容互相交换一次。这样就完成了一个 spi 时序。

21.5　举　例

假设主机和从机初始化就绪:主机的 sbuff＝0xaa,从机的 sbuff＝0x55,下面将分步对 spi 的 8 个时钟周期的数据情况演示一遍:

假设上升沿发送数据

脉冲	主机 sbuff	从机 sbuff	sdi	sdo
0	10101010	01010101	0	0
1 上	0101010x	1010101x	0	1
1 下	01010100	10101011	0	1
2 上	1010100x	0101011x	1	0
2 下	10101001	01010110	1	0
3 上	0101001x	1010110x	0	1
3 下	01010010	10101101	0	1

4 上	1010010x 0101101x	1	0
4 下	10100101 01011010	1	0
5 上	0100101x 1011010x	0	1
5 下	01001010 10110101	0	1
6 上	1001010x 0110101x	1	0
6 下	10010101 01101010	1	0
7 上	0010101x 1101010x	0	1
7 下	00101010 11010101	0	1
8 上	0101010x 1010101x	1	0
8 下	01010101 10101010	1	0

这样就完成了两个寄存器 8 位的交换,上面的上表示上升沿、下表示下降沿,sdi、sdo 是相对于主机而言的。其中 ss 引脚作为主机时,从机可以把它拉低被动选为从机;作为从机时,可以作为片选脚用。根据以上分析,一个完整的传送周期是 16 位,即两个字节,因为,首先主机要发送命令过去,然后从机根据主机的命令准备数据,主机在下一个 8 位时钟周期才把数据读回来。SPI 总线是 Motorola 公司推出的 3 线同步接口,即采用同步串行 3 线方式进行通信:一条时钟线 SCK,一条数据输入线 MOSI,一条数据输出线 MISO;用于 CPU 与各种外围器件进行全双工、同步串行通信。SPI 的主要特点有:可以同时发出和接收串行数据;可以当作主机或从机工作;提供频率可编程时钟;发送结束中断标志;写冲突保护;总线竞争保护等。图 21.2 示出 SPI 总线工作的 4 种方式,其中使用最为广泛的是 SPI0 和 SPI3 方式(实线表示):SPI 模块为了和外设进行数据交换,根据外设工作要求,其输出串行同步时钟极性和相位可以配置,时钟极性(CPOL)对传输协议没有重大的影响。如果 CPOL=0,则串行同步时钟的空闲状态为低电平;如果 CPOL=1,则串行同步时钟的空闲状态为高电平。时钟相位(CPHA)能够配置用于选择两种不同的传输协议之一进行数据传输。如果 CPHA=0,则在串行同步时钟的第 1 个跳变沿(上升或下降)数据被采样;如果 CPHA=1,在串行同步时钟的第 2 个跳变沿(上升或下降)数据被采样。SPI 主模块和与之通信的外设的时钟相位和极性应该一致。SPI 接口时序如图 21.3 和图 21.4 所示。

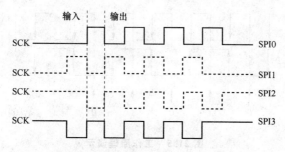

图 21.2　SPI 总线工作的 4 种方式

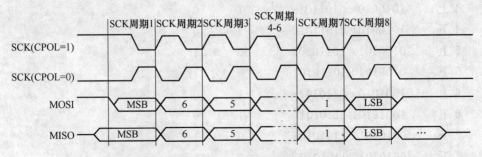

图 21.3　CPHA＝0 时 SPI/总线数据传输时序

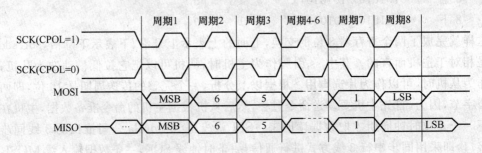

图 21.4　CPHA＝1 时 SPI/总线数据传输时序

21.6　SPI 工作原理及工作方式

21.5 节最后一句话:SPI 主模块和与之通信的外设时钟相位和极性应该一致。笔者理解这句话有两层含意:其一,主设备 SPI 时钟和极性的配置应该由外设来决定;其二,二者的配置应该保持一致,即主设备的 SDO 同从设备的 SDO 配置一致,主设备的 SDI 同从设备的 SDI 配置一致。因为主从设备是在 SCLK 的控制下,同时发送和接收数据,并通过两个双向移位寄存器来交换数据。工作原理演示如图 21.5 所示:上升沿主机 SDO 发送数据 1,同时从设备 SDO 发送数据 0;紧接着在 SCLK 的下降沿,从设备的 SDI 接收到了主机发送过来的数据 1,同时主机也接收到了从设备发送过来的数据 0。

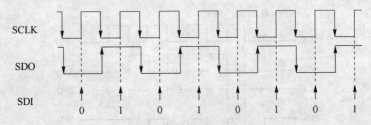

图 21.5　工作原理演示

21.7　总　结

　　SPI 接口时钟配置心得:在主设备配置 SPI 接口时钟时一定要弄清楚从设备的时钟要求,因为主设备的时钟极性和相位都是以从设备为基准的。因此在时钟极性的配置上一定要搞清楚从设备是在时钟的上升沿还是下降沿接收数据、是在时钟的下降沿还是上升沿输出数据。但要注意的是,由于主设备的 SDO 连接从设备的 SDI,从设备的 SDO 连接主设备的 SDI,从设备 SDI 接收的数据是主设备的 SDO 发送过来的,主设备 SDI 接收的数据是从设备 SDO 发送过来的,所以主设备 SPI 时钟极性的配置(即 SDO 的配置)跟从设备的 SDI 接收数据的极性相反,跟从设备 SDO 发送数据的极性相同。

　　下面这段话是 Sychip Wlan8100 Module Spec 上说的,充分说明了时钟极性是如何配置的:"The 81xx module will always input data bits at the rising edge of the clock,and the host will always output data bits on the falling edge of the clock."意思是:主设备在时钟下降沿发送数据,从设备在时钟上升沿接收数据。因此主设备 SPI 时钟极性应该配置为下降沿有效。又如,下面这段话是摘自 LCD Driver IC SSD1289:"SDI is shifted into 8-bit shift register on every rising edge of SCK in the order of data bit 7,data bit 6 ······ data bit 0."意思是:从设备 SSD1289 在时钟上升沿接收数据,而且是按照从高位到低位的顺序接收数据的。因此主设备的 SPI 时钟极性同样应该配置为下降沿有效。时钟极性和相位配置正确后,数据才能够准确地发送和接收。因此应该对照从设备的 SPI 接口时序或者 Spec 文档说明来正确配置主设备的时钟。

第**22**课
Keil C51 编译、链接、仿真调试方法

22.1 安装软件

首先安装 Keil C 编译软件。本章主要介绍 Keil C51 编译软件的使用。

22.2 Keil C51 使用方法

1. 新建工程

打开 Keil 软件后选择 Project→New project 菜单项即可新建一个新工程,如图 22.1 所示。在文件名中输入工程名,例如"1"后单击"保存"按钮,随后弹出如图 22.2 所示对话框。

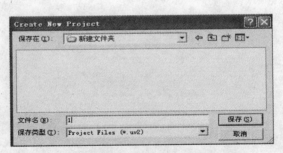

图 22.1 Keil 新建工程图

选择芯片型号如 Atmel – AT89C51。即可显示如图 22.3 所示对话框。在 Description 中提示该芯片的基本参数。如内部 RAM 和 ROM 的大小、I/O 口个数等信息。芯片选定后单击"确定"按钮。随后弹出如图 22.4 所示对话框,单击"确定"按钮,即可完成新建工程。

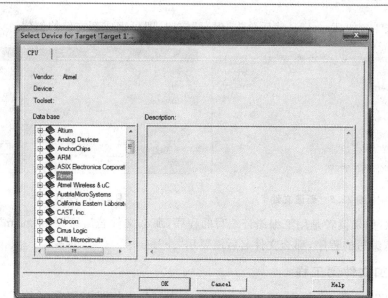

图 22.2　选择 CPU 型号对话框

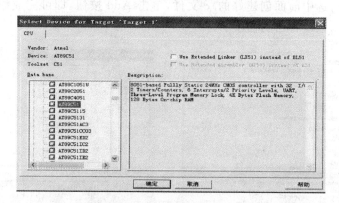

图 22.3　选择器件对话框

图 22.4　提示信息对话框

2. 新建文件

在 Keil 界面下选择 File→New 菜单项即可弹出新建文件如图 22.5 所示,在新建文件中编写程序后,单击"保存"按钮即可弹出如图 22.6 所示的对话框。在文件名中输入文件名如 Text1.c,然后单击"保存"按钮,即可完成新文件的创建。

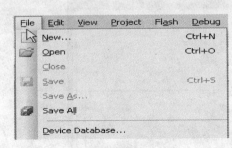

图 22.5　新建文件　　　　　　　　　　　图 22.6　保存文件

注意:如果读者是用汇编语言编写的程序,那么文件名后缀要用".asm";如果使用 C 语言编写的程序,那么文件名后缀要用".c"。

3. 添加文件到工程

如图 22.6 所示,在 Source Group 1 上右击则弹出如图 22.7 所示的下拉对话框,单击选择要添加的文件,单击 Add files to group'Source group',即弹出如图 22.8 所示的对话框,选中前面创建好的.c 文件,单击 Add 按钮,即可完成添加文件到工程,然后就可以编写自己的程序了。

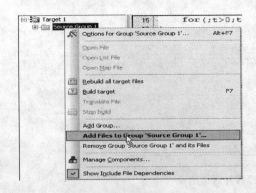
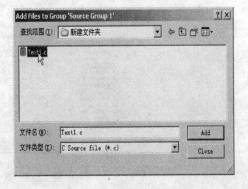

图 22.7　添加文件到工程图　　　　　　　图 22.8　选择添加的文件

4. Keil 软件设置

单击图标 ：Options for Target 键,则弹出如图 22.9 所示的界面。单击 Output,选中该界面下的 Create HEX File 选项,目的是 keil 编译后自动生产 hex 格式的文件夹,然后单击"确定"按钮即可。

5. 编译源程序

单击 即可对程序进行编译,如果程序有错,则会在 build 窗口提示错误行及错误原因。如果程序没有错误,则编译通过,显示如图 22.10 所示对话框,同时生产

hex 格式的烧写文件。

图 22.9 输出 HEX 文件对话框

图 22.10 对话框

22.3 Keil C51 仿真调试方法

1. 项目仿真设置

首先打开编译软件 Keil C,单击图标 :Options for Target,随后弹出如图 22.11 所示界面,在 Device 选项卡选择芯片型号即 SST 下面的芯片,如图 22.12 所示。

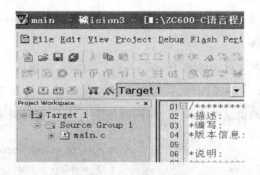

图 22.11 编译软件界面

选择 Debug 选项卡,如图 22.13 所示,选择 USE 单选项,并在下拉列表中选中 Keil monitor - 51 driver,再选中 Load application at sta 及 run to main()。然后单击 Settings 键弹出如图 22.14 所示的界面,选择端口及设置波特率,波特率一般设置在 19 200 以下,单击 OK 按钮退出,最后单击 options for Target 界面的"确定"按钮退出设置界面。

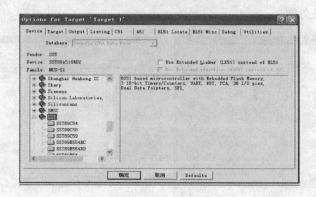

图 22.12　选择芯片对话框

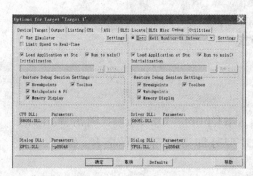

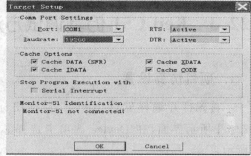

图 22.13　设置 Debug　　　　　　　　图 22.14　Target Setup 对话框

2. 建立仿真链接

选择 Keil C 仿真软件主菜单 Project→Open Project 菜单项打开一个项目，然后单击如图 22.15 所示中的⊗图标，同时按主板复位键建立仿真连接。如果出现如图 22.16 所示的界面，则重新单击⊗图标，同时按主板复位键直到建立仿真连接为止。

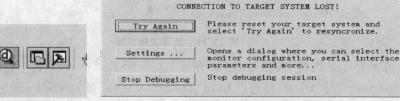

图 22.15　仿真图标　　　　　　　　　图 22.16　仿真连接不成功

3. 软件仿真

然后就可对软件进行单步、设置断点等仿真了！注意：务必熟悉以上操作，如果遇到问题，只要重新进行以上设置即可。

第 *23* 课

C51 程序编写规范

23.1　C51 的编程规范——编程总原则

　　编程首先要考虑程序的可行性,然后是可读性、可移植性、健壮性以及可测试性。这是总则,但是很多人忽略了可读性、可移植性和健壮性(可调试的方法可能各不相同),这是不对的。编程总原则如下:

　　① 当项目比较大时,最好分模块编程,一个模块一个程序,这样方便修改,也便于重用和阅读。

　　② 每个文件的开头应该写明这个文件是哪个项目里的哪个模块,是在什么编译环境下编译的,编程者(或修改者)和编程日期。值得注意的是一定不要忘了编程日期,因为以后再看文件时会知道大概是什么时候编写的、有些什么功能,并且可能知道类似模块之间的差异(有时同一模块所用的资源不同,和单片机相连的方法也不同,或者只是在原有的模块上加以改进)。

　　③ 一个 C 源文件配置一个 h 头文件或者整个项目的 C 文件配置一个 h 头文件,一般采用整个项目的 C 文件配置一个 h 头文件的方法,并且使用 ♯ifndef/ ♯define/ ♯endif 的宏来防止重复定义,方便各模块之间相互调用。

　　④ 一些常量(如圆周率 PI)或者常需要在调试时修改的参数最好用 ♯define 定义,但要注意宏定义只是简单替换,因此有些括号不可少。

　　⑤ 不要轻易调用某些库函数,因为有些库函数代码很长(笔者是反对使用 printf 之类的库函数的,但是是一家之言,并不勉强各位读者)。

　　⑥ 书写代码时要注意括号对齐,固定缩进,一个{}各占一行,笔者采用缩进 4 个字符,应该还是比较合适的,if/for/while/do 等语句各占一行,执行语句不得紧跟其后,无论执行语句有多少都要加{},千万不要写成如下格式:

```
for(i = 0;i<100;i ++){fun1();fun2();}
```

```
for(i = 0;i<100;i++){
    fun1();
    fun2();
}
```

而应该写成：

```
for(i = 0;i<100;i++)
{
    fun1();
    fun2();
}
```

⑦ 一行只实现一个功能，比如"a＝2;b＝3;c＝4;"宜改成：

```
a = 2;
b = 3;
c = 4;
```

⑧ 重要难懂的代码要写注释，每个函数都要写注释，每个全局变量要写注释，一些局部变量也要写注释。注释写在代码的上方或者右方，千万不要写在下方（相信没有人会写在左方吧）。

⑨ 对各运算符的优先级要有所了解，记不住没关系，加括号就行。

⑩ 不管有没有无效分支，switch 函数一定要有 default 这个分支。一来让阅读者知道程序员并没有遗忘 default，并且防止程序运行过程中出现的意外（健壮性）。

⑪ 变量和函数的命名最好能做到望文生义。不要命名 x,y,z,a,sdrf 之类的名字。

⑫ 函数的参数和返回值没有的话最好使用 void。

⑬ goto 语句：从汇编转型成 C 的人很喜欢用 goto，但 goto 是 C 语言的大忌。不过，程序出错是程序员自己造成的，不是 goto 的过错；笔者只推荐一种情况下使用 goto 语句，即从多层循环体中跳出。

⑭ 指针是 C 语言的精华，但是在 C51 中笔者认为少用为妙，一来有时反而要花费多的空间，还有在对片外数据进行操作时会出错（可能是时序的问题）。

⑮ 一些常数和表格之类的应该放到 code 区中以节省 RAM。

⑯ 程序编完编译看有多少 code 多少 data，注意不要使堆栈为难。

⑰ 程序应该要能方便地进行测试，其实这也与编程的思维有关，一般有 3 种：一种是自上而下先整体再局部、一种是自下而上先局部再整体、还有一种是结合两者往中间凑。笔者的做法是先大概规划一下整个编程，然后一个模块、一个模块独立编程，每个模块调试成功再拼凑在一块调试。笔者建议：如果程序不大，可以用一个文件直接编；如果程序很大，宜采用自上而下的方式，但更多的是那种处在中间的情况，宜采用自下而上或者结合的方式。

23.2　规范范例

1. 模块或文件注释内容举例

```
//////////////////////////////////////////////////////////////////
//公司名称:
//模 块 名:
//创 建 者:注意要加日期
//修 改 者:注意要加日期
//功能描述:
//其他说明:
//版    本:
//////////////////////////////////////////////////////////////////
//以下是《函数》注释内容
//////////////////////////////////////////////////////////////////
//函 数 名:
//功能描述:
//函数说明:
//调用函数:
//全局变量:
//输    入:
//返    回:
//设 计 者:
//修 改 者:
//版    本:
//////////////////////////////////////////////////////////////////
```

2. 案例程序

　　单片机 C 语言作为一门工具,最终的目的就是实现功能。在满足这个前提条件下,我们希望自己的程序能很容易地被别人读懂,或者能够很容易地读懂别人的程序,在团体合作开发中就能起到事半功倍之效。下面提供几种方法供参考。

```
/ ************************************************************
 * 程序名称:    跑马灯程序
 * 设计者:      秦立春    日期:2008-12-20
 * 修改者:      牛乐乐    日期:2012-05-18
 * 版本信息:    V1.1
 * 说明:        SP0 连接;
 ************************************************************ /
# include <reg52.h>            //单片机 c 语言头文件
```

```
# define uchar unsigned char      //声明变量 uchar 为无符号字符型,字节长度 256,值域范围
                                  //0 - 255
# define uint  unsigned int       //声明变量 uint 为无符号整型,字节长度 65 536,值域范围
                                  //0 - 65 536
void delay(unsigned int t);       //声明 delay()延时函数
// *********************延时函数********************* /
void delay(unsigned int t)
{
    for(;t != 0;t -- ) ;
}
// *********************主函数********************* /
void main(void)
{
    uchar i;                      //声明无符号字符变量 i
    delay(1000);                  //调用延时子程序
    P0 = 0Xff;
    while(1)
    {
        for(i = 0;i<8;i++)
        {
            P1 = ~(0X01<<i);      //左位移运算符,用来将个数的各二进制全部左移
                                  //移位后,空白位补,而溢出的位舍弃
            delay(50000);
        }
    }
}
```

3. 注释范例

(1) 文件(模块)注释内容

注释一般采用中文。文件(模块)注释内容包括:公司名称、版权、作者名称、修改时间、模块功能、背景介绍等,复杂的算法需要加上流程说明;比如:

```
/ ************************************************** /
/ * 公司名称:                                    * /
/ * 模块名:停车场控制系统           型号:TCC001     * /
/ * 创建人:zhangsan                日期:2008 - 12 - 20  * /
/ * 修改人:lisi                    日期:2012 - 05 - 18  * /
/ * 功能描述:                                    * /
/ * 其他说明:                                    * /
/ * 版   本:                                    * /
/ ************************************************** /
```

程序中的注释内容包括:修改时间和作者、方便理解的注释等。注释内容应简炼、清楚、明了,一目了然的语句不加注释。

(2) 函数开头的注释内容

函数开头的注释内容包括:函数名称、功能、说明、输入、返回、函数描述、流程处理、全局变量、调用样例等,复杂的函数需要加上变量用途说明。

```
/*********************************************************
 * 函数名:v_LcdInit
 * 功能描述:LCD 初始化
 * 函数说明:初始化命令:x3c,0x08,0x01,0x06,0x10,0x0c
 * 调用函数:v_Delaymsec(),v_LcdCmd()
 * 全局变量:
 * 输　入:无
 * 返　回:无
 * 设计者:zhao            日期:2008-12-20
 * 修改者:zhao            日期:2012-05-18
 * 版　本:
 *********************************************************/
```

(3) 程序中的注释内容

修改时间和作者、方便理解的注释等。

23.3　命　名

命名必须具有一定的实际意义。

1. 常量的命名

全部用大写。

2. 变量的命名

变量名加前缀,前缀反映变量的数据类型,用小写;反映变量意义的第一个字母大写,其他小写。其中变量数据类型如下所示:

```
unsigned char   前缀 uc;   signed char 前缀 sc;
unsigned int    前缀 ui;   signed int   前缀 si;
unsigned long   前缀 ul;   signed long 前缀 sl。
```

3. 函数的命名

函数名首字大写;若包含有两个单词,则每个单词的首字母大写。

函数原型说明包括:引用外来函数及内部函数。外部引用必须在右侧注明函数来源:模块名及文件名;内部函数,只要注释其定义文件名即可。

23.4 编辑风格

1. 缩进

缩进以 Tab 为单位，一个 Tab 为 4 个空格大小。预处理语句、全局数据、函数原型、标题、附加说明、函数说明、标号等均顶格书写。语句块的"{""}"配对对齐，并与其前一行对齐。

2. 空格

数据和函数在其类型、修饰名称之间适当补充空格并据情况对齐。关键字原则上空一格，如 if（ ... ）等，运算符的空格规定如下："－＞"、"["、"]"、"＋＋"、"－－"、"~"、"!"、"＋"、"－"（指正负号）、"&"（取址或引用）、"＊"（指使用指针时）等几个运算符两边不空格（其中单目运算符系指与操作数相连的一边），其他运算符（包括大多数 2 目运算符和 3 目运算符"?:"）两边均空一格，"（"、"）"运算符在其内侧空一格，在作函数定义时还可据情况多空或不空格来对齐，但在函数实现时可以不用。","运算符只在其后空一格，需对齐时也可不空或多空格，对语句行后加的注释应用适当空格与语句隔开并尽可能对齐。

3. 对齐

原则上关系密切的行应对齐，对齐包括类型、修饰、名称、参数等各部分对齐。另每一行的长度不应超过屏幕太多，必要时适当换行，换行时尽可能在","处或运算符处。换行后最好以运算符打头，并且以下各行均以该语句首行缩进；但该语句仍以首行的缩进为准，即如其下一行为"{"应与首行对齐。

4. 空行

程序文件结构各部分之间空两行，若不必要也可只空一行，各函数实现之间一般空两行。

5. 修改

版本封存以后的修改一定要将之前的语句用"/＊　　＊/"封闭，不能自行删除或修改，并要在文件及函数的修改记录中加以记录。

6. 形参

定义函数时，在函数名后面括号中直接进行形式参数说明，不再另行说明。

23.5　项目管理知识

1. 项目定义

项目是为完成某一独特的产品和服务所做的一次性努力。

2. 项目特点

① 一次性——项目有明确的开始时间和结束时间。当项目目标已经实现,或因项目目标不能实现而被终止时,就意味着项目的结束。

② 独特性——项目所创造的产品或服务与已有的相似产品或服务相比较,在有些方面有明显的差别。项目要完成的是以前未曾做过的工作,所以它是独特的。

3. 项目 3 要素:时间、质量、成本

项目 3 要素相互影响、相互制约,如图 23.1 所示。

图 23.1　项目 3 要素

4. 项目过程

项目开始到结束需要:识别需求、提出方案、执行项目、结束项目 4 个阶段,如图 23.2 所示。

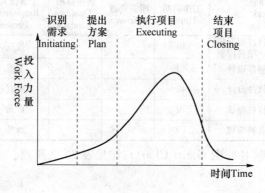

图 23.2　项目过程

5. 项目评估标准

➤ 用户指定 Customer Specified。

➤ 行业标准(国内级别,国际级别) Standard in Same Industry (National Class & International Class)。

➤ 特殊标准(特殊项目) Special Standard (Special Required Project)。

➤ 同类产品标准(技术含量) Standard in Same Products(Technical Qualification)。

23.6　电子产品开发流程

以停车场控制系统为例说明电子产品开发流程。

1. 项目论证、可行性分析

略。

2. 项目计划书编制

(1) 项目概况如下:

① 项目名称:未来大厦停车场管理系统设计。

② 项目周期:1 个月(2008 年 9 月 1 日开始,2008 年 9 月 30 日结束)。

③ 项目总投资:3 000 元。

④ 项目交付物:

a. 样机 1~3 套(包括功能要求、外观要求、稳定性、安全性、电磁兼容方面要求);

b. 相关技术资料。

(2) 工作分解表 WBS:详见表 23.1 所列。

表 23.1　工作分解表

工作包 Work Package	工作周期 Timing	所需资源 Resource	质量标准 Quality Standard	责任人 Responsible Person
项目计划书编制、项目控制	40			张三
硬件设计	40			李四
软件设计	40			王五
样机测试	20			正龙
资料管理	10			刘芳

(3) 项目进度表(甘特图 Gantt Chart):详见表 23.2 所列。

表 23.2　项目进度表

	起止时间 9.1~9.10	起止时间 9.11~9.20	起止时间 9.21~9.30
项目计划书编制、项目控制	▬▬▬		
硬件设计		▬▬	
软件设计		▬▬▬▬	
样机测试			▬▬▬▬▬
资料管理	▬▬▬▬▬▬▬▬▬▬▬		

3. 项目实施

① 原理图设计。

② PCB 设计及打样。

③ 软件设计。

④ 软硬件调试。

⑤ 样机制作、样机测试。

⑥ 小批量生产、生产作业指导书编制。

⑦ 批量生产。

⑧ 设计修改、完善、技术资料整理、归档。

4. 项目评审

包括成本评审、技术评审、社会效益评审等。

5. 项目结束

项目结束后，文档整理，保存；售后服务及跟踪等。

附录　ZC600 开发板原理图

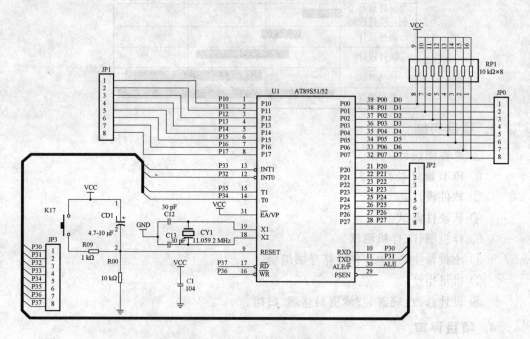

附图 1　ZC600 – CPU 模块原理图

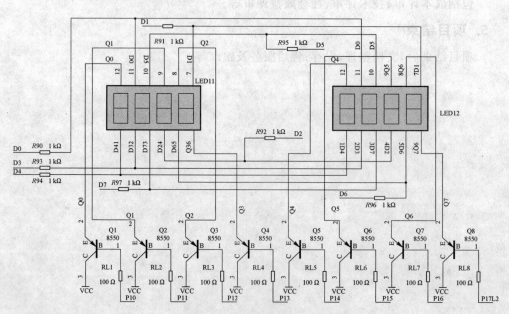

附图 2　ZC600 数码管显示模块原理图

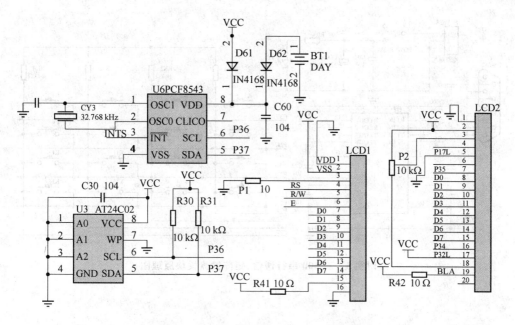

附图 3　ZC600 时钟、IIC、LCD 模块原理图

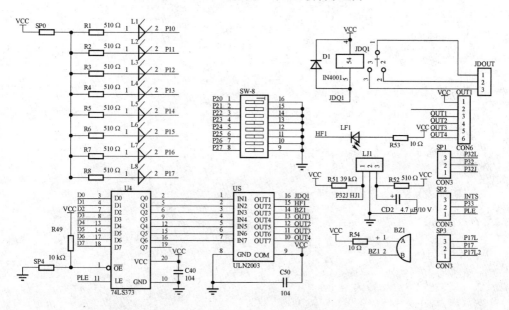

附图 4　ZC600 步进电机驱动模块、继电器、蜂鸣器、LED 灯、拨键开关、红外等模块原理图

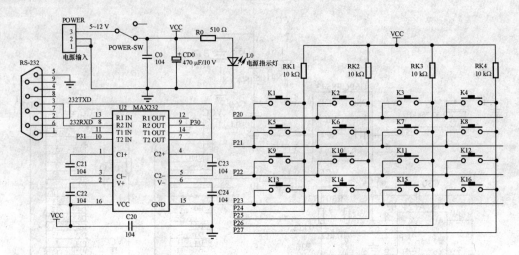

附图 5 ZC600 串行通信、矩阵键盘模块原理图

参考文献

[1] 李强.51 系列单片机应用软件编程技术[M].北京:北京航空航天大学出版社,2009.

[2] 谢维成,杨加国.单片机原理与应用及 C51 程序设计[M].北京:清华大学出版社,2009.

[3] 何立民.单片机高级教程——应用与设计[M].北京:北京航空航天大学出版社,2000.

[4] 范风强,兰婵丽.单片机语言 C51 应用实战集锦[M].北京:电子工业出版社,2003.

[5] 谭浩强.C 程序设计[M].北京:清华大学出版社,2007.